80
20

图说
心理学

卓欣然 著

中国华侨出版社
北 京

图书在版编目 (CIP) 数据

图说心理学 / 卓欣然著 . -- 北京 : 中国华侨出版社 , 2021.8

ISBN 978-7-5113-8539-0

Ⅰ . ①图… Ⅱ . ①卓… Ⅲ . ①心理学 – 图解 Ⅳ . ① B84-64

中国版本图书馆 CIP 数据核字（2021）第 095772 号

图说心理学

著　　者：卓欣然
出 版 人：刘凤珍
责任编辑：江　冰
封面设计：冬　凡
文字编辑：黎　娜
美术编辑：吴秀侠
经　　销：新华书店
开　　本：880mm × 1230mm　1/32　印张：6.25　字数：160 千字
印　　刷：三河市华成印务有限公司
版　　次：2021 年 8 月第 1 版　2021 年 8 月第 1 次印刷
书　　号：ISBN 978-7-5113-8539-0
定　　价：36.00 元

中国华侨出版社　北京市朝阳区西坝河东里 77 号楼底商 5 号　邮编：100028
法律顾问：陈鹰律师事务所
发 行 部：（010）64443051　传　　真：（010）64439708
网　　址：www.oveaschin.com　E-mail：oveaschin@sina.com

前言

PREFACE

当提起“心理学”三个字时，有人会觉得这是一个有些玄乎微妙并若即若离的字眼。其实，事情的真相并不是如此——心理学离我们并不遥远。接下来，我们可以做一个实验证明这一点。

我们可以尝试一下这样的场景：你闭上双眼，伸出两只手呈平行状，掌心向上摊平。然后，你被告知，你的左手放了一个铁球，右手牵着一个气球，铁球越来越重，气球越来越轻。在这样的语言引导下，张开眼睛后，你会惊奇地发现本来持平的双手已经发生了变化——左手明显比右手低。

原来，我们在不知不觉中已经被“沉重的铁球”和“轻盈的气球”所影响了。那么，这又是为什么呢？

因为当我们被语言告知左右手承受不同重量物件的时候，就已经被别人做了心理暗示。我们的大脑是有记忆的，它回忆起我们的身体承受“铁球”和“气球”的不同质感，并向其发送了相应的信息——铁球重，我们的手会被压下沉；气球轻飘，手应该向上浮。

这样，我们就在别人的“诱导”下，成了“被操纵的对象”。

当然，这种“被操纵”的心理暗示只是心理学的一个现象，其实，在我们的日常生活中还有更多匪夷所思的事情发生，只是我们都缺乏探测和发现的雷达，以至于忽略了自身和生活的许多有趣之处。

比如，为什么意外之财花得更快？为什么人多不一定力量就大？为什么宣传单普遍要把重点内容放在左上角？为什么假装快乐你或许能真的快乐起来？为什么人在夜晚的时候感情最丰富？为什么酒吧里更容易产生暧昧气氛？为什么红色电风扇越吹越热？为什么双胞胎多会有“心灵感应”？

这些怪诞心理都是我们容易忽略甚至不曾发现过的现象，这时，我们就需要一个真正能引导我们进行心理探索的良师益友。而这本书就旨在探讨看似怪诞的奇异现象背后隐藏的人类心理秘密和关于日常生活的心理学，带领大家走进一个奇异的心理世界，揭示心理学家们用独特的研究方式对人类大脑、意念和行为等做出的有趣见解。所以，翻开此书的同时，也就等同踏上了一个互动的心理旅程，我们不仅可以涉足一个有趣的科学领域，更能将其运用到实际生活中，愈加清楚地去探索和发现生活、生命的本质！

目录

CONTENTS

第一章　潜意识力量：你相信什么，什么就会成真

把自己想象成什么人，你就会成为什么人 002

为何有人对自己的行为完全没有控制力 003

为什么会出现“心猿意马”的情况 006

我们为什么不爱租房爱买房 008

为什么我们容易在脏的地方乱扔垃圾 011

预言竟然让大蒜比肉贵 014

如何找回真实的自我 016

我们怎么在不知不觉中被大量的信息催眠 018

第二章　黑就是白：为什么错觉让我们视而不见或信以为真

为什么快乐的时光总是短暂的 022

我们拥有预知别人下一步行动的能力 024
为什么手机没动，我们却常感觉它在振动 027
有人爱看色彩，有人爱看形状 029
为何我们有似曾相识的感觉 033
“度日如年”中的时间错觉 035
为什么说视觉并不可靠 037
为什么蒸馏水会变得有气味 039

第三章　盗梦空间：
未来是如何潜入你的梦中的

为什么有些梦境会在现实生活中再现 044
做梦其实是灵魂在旅行吗 046
为什么有些梦很清晰，有些梦醒了就忘记 049
人们为什么喜欢做白日梦 051
为什么许多人会梦到自己考试 054
梦中的记忆是可靠的吗 056
做梦也能让人产生巨大的恐惧吗 058

第四章　禁果效应：
为什么越是得不到，就越想得到

为什么越得不到的东西，就越想得到 062

购物动机来自内心满足感的获得 064
占便宜心理和无功不受禄心理 067
为什么我们“欲得寸”，就需要“先进尺” 069
为什么会出现哄抢事件 072
巧用“从众心理”，扩大影响范围 075

第五章 思路迷失：为什么我们能找到去月球的路，却迷失在大卖场

为什么目标细化后更易实现 078
少数服从多数是必需的吗 080
一块隔热板毁了“哥伦比亚”号 081
一番好意为何导致分手 083
青春期为什么更依恋同性朋友 085
为何女性到了更年期容易失眠 088
活在当下才能不迷失 090

第六章 压力释放：心理垃圾要随时清理

另类偷窃，只为了寻找快感 094
为什么有些人总爱插话 096
为什么说懂得宣泄愤怒的人更健康 098

心理垃圾要随时清理 …… 099
为什么人在夜晚感情最丰富 …… 103
你知道撒娇也能释放压力吗 …… 104

第七章 背道而驰：为什么有人就爱对着干

人们为什么总是喜欢对着干 …… 108
幸福必须靠自己争取 …… 110
青春期的孩子怎么变叛逆了 …… 112
婆媳之间为何经常硝烟弥漫 …… 114
表扬孩子未必都是好事 …… 117
真的是“无仇不成父子”吗 …… 119
为什么会对领导决断有抵触心理 …… 123

第八章 行为规范：为什么白干活高兴，干活赚钱反而不高兴

社会规范和市场规范的博弈 …… 128
为什么愿意免费做义工，给补贴却不愿意做了 …… 130
岳母准备的晚餐你能付费吗 …… 133
礼品如何发挥平衡作用 …… 134
鱼与熊掌不可兼得 …… 136

罚款对杜绝迟到有效吗 138
为何我们的请求常常事不过三 141

第九章 销售陷阱：为什么便宜的东西让我们花更多的钱

为什么越“限购”越好卖 144
“免费”让我们买了不需要的东西 146
福特公司的抽奖活动——活动促销 148
销售过程中的尴尬与技巧——以诚动人 151
推销的失败与成功——洞察关注点 153
会听客户话外音的大卫——窥探心理动向 159
一件“减价”的貂皮大衣——把握价格策略 162
“您说的‘价值’，指的是什么”——捕捉客户下意识 164

第十章 心灵保卫：为什么相爱容易相处难

为什么职场恋情容易发生 168
为什么暧昧让人欲罢不能 169
热恋的心理距离 172
失恋后的心理调节 174
克服“婚前恐惧症” 178

新婚心理调适 179
当心婚后“爱情沉默症” 182

第一章

潜意识力量：你相信什么，什么就会成真

把自己想象成什么人，你就会成为什么人

你把自己想象成什么人，你就会按照那种人的行为方式行事，而且，即使你做了一切有意识的努力，即便你具有很强大的意志力，你也不会有别的不合这种意识的行为。如果自己把自己想象成失败的人，那无论怎样想尽办法避免失败，也必定会失败。这就是“自我意向”心理在发挥作用。一个人的“自我意向”一旦形成，就会变成事实。

心理学家马尔慈说，人的潜意识就是一部“服务机制”——一个有目标的电脑系统，而人的自我意向犹如电脑程序，直接影响这一机制运作的结果。如果你的自我意向是一个失败的人，就会不断地在自己内心的“荧光幕”上看到一个垂头丧气、难担大任的自我，听到“我是没出息、没有长进”之类的负面信息，然后感受到沮丧、自卑、无奈与无能，而你在现实生活中便“注定”会失败。但是，如果你的自我意向是一个成功人士，会不断地在你内心的“荧光幕”上见到一个意气风发、不断进取、敢于经受挫折和承受强大压力的自我，听到“我做得很好，我以后还会做得更好”之类的鼓舞信息，然后感受到喜悦、快慰与卓越，你在现实生活中便“注定”会成功。因而，个人自我意向的确是十分重要的，其正或负的倾向是我们的生命走向成功或失败的方向盘、指南针。

一个人若想取得成功，并全面地完善自己的意识，就必须有一个适当的现实的自我意向伴随着自己；就必须能接受自己，并有健全的自尊心。你必须信任自己，必须不断地强化和肯定自我价值，必须要创造性地表现自我，而不是把自我隐藏或遮掩起来。你必须有与现实相适应的自我，以便在一个现实的世界中有效地发挥作用。此外，你还必须认识自己的长处和弱点，并且诚实地对待这些长处和弱点。当这个自我意向完整而稳定的时候，你会有“良好”的感觉，并且会感到自信，会自由地作为“我自己”而存在，自发地表现自己。如果它成为逃避、否定的对象，个体就会把它隐藏起来，不让它有所表现，创造性的表现也就因此受到阻碍，你的内心会产生强烈的压抑机制，且无法与人相处。一个人难以改变他的习惯、个性或者生活方式，似乎有这样一个原因：几乎所有试图改变的努力都集中在所谓自我的圆周上，而不是圆心上。他们所尝试改变的都是环境而非心理。但是，自我心理暗示是十分重要的，它可以左右你的一切行为，所以你必须重视自我意向，这样才能通过不断努力，走向成功的人生。

为何有人对自己的行为完全没有控制力

现实生活中，有很多孩子无法控制自己的行为和情绪，越是不让做的事情，越是要去尝试，这种现象被称为“注意力缺失”。它大多发生在被父母抛弃，或是父母被剥夺抚养权的孩子身上，在孩子幼小的心灵中产生了巨大的阴影。

泰瑞莎和马特是一对不孕的夫妻。泰瑞莎是儿科护士，在医院认识了大卫和丹尼这对双胞胎兄弟。“在急诊室就看得出来他们的母亲无法照顾他们。当我去看他们的时候，他们会兴奋地爬到我身上。于是我收养了他们。”

泰瑞莎说：“他们精力充沛，不肯睡午觉，随意拿他们想要的东西。他们要做什么就做什么，如果他们在外面想爬到两米高的杆子并从上跳下来，虽然他们才四岁，但他们绝不会犹豫。他们对自己的行为完全没有任何控制力。”

“大卫和丹尼就是那种不肯控制自己的孩子。大人越是这样限制他们，大卫和丹尼就越反抗。他们回家会说今天谁又流鼻血了，因为老师抓住他的时候，他的脸撞到地上。大卫和丹尼常常被抓住压在地上，我们一个人抓手，一个人抓脚。一年之后，他们比我还清楚怎样抓住一个失控的人。”

“这两个孩子……如果一开始我们就知道怎么帮助他们，说不定他们早就是小天才了。而那些人让我们相信这两个孩子心理异常，当时他们是这么告诉我们的。我们心想，天啊，我们惹上了什么麻烦？我们得一直养着这两个孩子！我们现在相信，这两个孩子希望无穷，只要他们有兴趣，他们可以做任何事。”

大卫和丹尼的故事给我们很多启示，如果这两兄弟的问题始终没弄清楚，后果难以想象。作为父母的泰瑞莎和马特极为坚强、肯付出，虽然孩子们的注意力缺失症得到诊断且开始治疗，但问题并不会全部消失。

注意力缺失症不是任何人的错，对此我们一定要有正确的认识。不当的教育方式会使注意力缺失症的状况更糟，但并不是成因。当一个孩子很聪明、成绩又很好时，我们比较不会想到他可能有注意力缺失症，但恰恰相反，许多聪明的孩子都有注意力缺失症，这些孩子如果没有被诊断出来，他们的聪明会使他们惹上更多麻烦，而不会把精力放在学习上。

注意力缺失症患者常有一种心态，就是觉得自己有缺陷，因此老师和家长必须给孩子做好心理建设，只要治疗得当，他们可以充分发挥他们的长处和潜力。注意力缺失原发性症状为：分心、冲动、静不下来。许多成人有注意力缺失症却不自知，可能很没耐性、静不下来、易冲动、直觉强、有始无终以及无法维持长久的亲密关系等。注意力缺失症的症状不会一直保持不变，虽然我们多数时候都在谈注意力缺失症对学习的影响，但是它对人际关系的影响也不容忽视，患者比较不会注意到别人的细微表情或暗示，因此不容易与人相处。

为什么会出现“心猿意马”的情况

上课不注意听讲，做事心猿意马，对待人和事都不能专注……分心，是环境的错，还是你自己的问题?

46 岁的伊丽莎白从小就有阅读障碍。直到最近，她才知道自己也有注意力缺失症。“我一直知道自己无法阅读，我不是完全不会读，只是读得不好。我不懂为什么我的生活总是一团糟。我认为自己很没用。后来我去参加妇女成长团体，知道注意力缺失症是怎么回事，一切才忽然清楚了。我了解自己为什么会拖延，为什么没信心，为什么讲话讲到一半就分心了，为什么总是一团糟。我只希望自己早一点了解原因。”

这证明在分心的情况下，人应该投入更多的意志来克服分心。

杰克是杂志编辑。他做得很好，但是大家觉得他很粗鲁。他会不打声招呼就突然离开会议、不回电话、不自觉地得罪作者、毫不遮掩他的无聊感觉、讲到一半会突然改变话题或者缺乏人际相处的技巧。一位同事说:“他很聪明，但你很难预料他会做出什么。你可能正在和他说话，当你看一看别处，回过头来，他已经不见了。这实在是非常惹人厌。而有时他又很好，因为他总是有很多主意和用不完的活力。”

疲劳、身体不适和不稳定的情绪等也可引起分心。分心可以通过意志努力排除干扰加以克服，可分为以下多种情况:

不论成就大小，觉得自己尚未发挥潜力：生活中，我们最常听到的是，“我就是没办法完成任何事。”客观来看，这个人可能已经取得成就，也可能生活与工作一团糟，无法发挥自己的潜力。

很难有组织性：没有父母的督促，注意力缺失症成人在日常生活中无法保持规律性。长期拖延，很难开始做一件事，开始做一件事的焦虑感特别强，因为他们害怕自己会做不好，于是他们一拖再拖，焦虑感越来越强烈。同时做很多件事，很难有始有终。

想到什么就说什么，不会考虑时机或场合是否合宜：心里一有想法，他们会马上就忍不住说出来，也不管时机是否合宜。

经常追求刺激：永远在追求刺激的新经历。不能忍受无聊：注意力缺失症患者从来不会无聊。只要他们觉得无聊，就会找件新鲜事做。

另外，很多成年人在做事的时候容易分心，无法专注，话说到一半或者书读到一半就会发呆或跑神，但是又能够在某些时候比一般人更专注。他们往往具有创造力，直觉强，非常聪明，在缺乏组织和无法专注的一片混乱之中，常常冒出惊人的创造力。一般人以为他们对权威有反抗心理，其实这是他们对无聊及挫折的反抗。对他们而言，遵照规则行事代表无聊，而新的行事方式则代表兴奋，不能按照他们自己的意思做事则会产生挫折感，且他们很难忍受挫折，任何一次挫折都会让他们想起自己所有的失败经历。他们言行冲动，比如爱乱花钱，经常改变计划等。同时，不论生活多么稳定，许多成年患者长年觉得没有安全感。他们往往觉得自己的世界随时会崩溃。他们情绪不稳，尤其是和人分别时。可能对药物或酒精有依赖感，也可能对一种活动成瘾，比如赌博。

生活中，有很多人，尤其是女人，具有典型的注意力缺失症症状。分心并不是谁的错，每个人多少都会存有一定的分心症状，只要及时发现及时治疗，分心不会影响你的工作和生活。

我们为什么不爱租房爱买房

房价一路飙升，很多人奋斗一辈子也买不起一个小阁楼，但还是有很多人愿意为房子负担甚至负债累累，为此累为此快乐着。

单身在京的张阳买了一个小户型后就开始节衣缩食地生活：从现在开始，不买衣服，不和朋友聚会，不乱逛街……没事就待在家里睡觉！睡觉是最省钱的活动。她自动隔绝各种新开的美食店、KTV 和酒吧，原来的大牌化妆品也尽量用可代替的超市货。尽管如此，张阳仍然满足于有房的快乐。尽管每月要还银行很多贷款，但是房价涨得也快，短短几个月一平方米就涨了 5000 多元，张阳更乐于看见这种纸上财富的增长。

是的，正如张阳一样，对于很多人而言，把房子买下了，便是放下心中的一块大石头，即使因此做了房奴，也累并快乐着。因为，如果现在不买，也许以后再也买不起了。当我们在嫌房价太贵买不起时，房价却依然自顾自地飞涨。

房价的涨幅远远比我们工资的涨幅大得多，这让还没有买房的人感到压力很大。

那么，为什么我们不能先租房呢？为什么房子对于我们这么重要呢？

首先，这要追溯到中国几千年根深蒂固的传统。一方面，在中国传统思想里，“家”被置于非常重要的位置。家是一个被深深刻在中国人心中的烙印般的温馨情结，家承载了一种情怀，承载了一种文化。另一方面，房子是家的物质载体。家是人类特有的感情归宿和心灵慰藉，但这只体现在意识层面，房子才是实实在在的物质实体。房子俨然是一个人在社会中的安身立命之所。在很多人眼里，家就是房子，房子就是家。所以，中国人对房子是很钟情的，只要有钱就买房置地。

其次，房子的重要地位以及房价的飙升，也是整个社会期待所造成的结局。相比较西方人，中国人对买房的热切要高出很多倍。对西方人来说，这种对拥有房子的狂热是他们难以理解的，他们喜欢租房。在法国，人们拥有自主产权的房屋比率不过30%，其他西方国家，这个比率也不会超过50%，而中国人住房自主产权拥有比率已经超过了80%，中国人对租房是“不得已而为之”。对此，心理学家解释说：“这个社会把有没有房作为对年轻人的期待，而不是把有没有租到房子作为社会期待”，更深层的原因是“当有没有房子成为一种标准，成了有符号性质的东西，会对年轻人产生从众压力。包括学术界在讨论社会分层的时候，房子也成为标准之一。房子本身不仅仅承担了居住的功能，还成为影响别人对他的看法的因素。”

此外，土地资源是社会的稀缺资源，让大家都将房子看成稀缺商品，产生“物以稀为贵”的消费心理。的确，从长期来看，房价的合理上涨是必然。从社会学角度看，中国长期的城乡二元结构是不利于社会发展的，城市化是现代化的重要标志，中国正处在城市化进程的加速阶段，这确实会在一定程度上推动房价的上涨。可是，不可否认，其中也有一部分是炒作的结果。很多专家在预言房价必涨，很多媒体每天报道各地高房价，这让大家变得紧张兮兮，即使房价再高，只要能先付上首付，也甘愿从此背上房奴的压力。

最后，对于不少人而言，房子是一种身份的特征，拥有一套属于自己的理想房子，会让自己充满荣耀感和胜利感。买房是一种消费行为。按照消费社会学的基本理论，消费被认为是一种“社会参与体验”的生产活动。这种社会参与体验直接影响我们的自我认同感和社会认同感，在这个意义上，消费活动乃是一种特定的社会成员身份感的确认方式。同时，消费还是一种社会地位的生产活动、一种社会语言。在消费行为中，社会地位被生产出来，并且由于这种行为的持续性，社会地位被一再巩固复制。上等阶层为凸显自身的阶层优势，并反衬出其他阶层的地位劣势，力图通过奢侈消费而抬高阶层地位的门槛。中、下阶层则为创造高于自身实际阶层位置的“地位假象”，试图通过对上等阶层消费形式进行模仿。这也就为天价房子的产生准备了心理土壤。

总之，房价的居高不下，是各种传统、社会、心理等因素共同推进的。我们不能否认房子对我们生活的重要性，但是房子的最终宗旨是要带来幸福，而不是让人因此背上重压而喘不过气来。所以，对此我们都要量力而行，不要过度从众和攀比，找到适合自己的生活模式才能获得真正的幸福。

为什么我们容易在脏的地方乱扔垃圾

不知道大家有没有观察过，如果一个房子的一扇窗户破了，隔不了多久，其他的窗户也会莫名其妙地被人打破。这是为什么呢？从心理学角度来说，这就是“破窗效应”。仔细回想一下我们的经历，不难发现，破窗效应普遍存在于我们生活中的各个方面：如果一面墙出现一些涂鸦，很快地，墙上就布满了乱七八糟、不堪入目的东西。如果一片干净的地面上有人扔纸团，没有被禁止，很快就有其他人把纸团扔在地上了。人们总是以为：“别人这样扔东西没有责任，自然我也就没有责任了。”所以，当秩序被打破之后，没有了责任意识的人们很快就让这片干净的墙面或地面脏乱不堪了。

为什么会出现这种“怪现象”呢？我们不妨先来看看心理学家詹巴斗的汽车实验。

1969 年，美国斯坦福大学的心理学家詹巴斗把两辆相同的小汽车分别放在两个地方，一辆放在帕罗阿尔托的中产阶级小区，第二辆放在脏乱的布朗克斯街区，并取走了第二辆汽车的车牌。结果，第一辆车停了很长时间也“无人问津”，而第二辆车不到一天就被偷了。詹巴斗又用锤子把第一辆车的车窗敲了个大洞。这次，几个小时之后，第一辆车也不翼而飞。

对于第二辆车的被偷，我们大概没有什么疑问，毕竟这辆车停在脏乱的地区。但是对于第一辆车的被偷，我们多多少少都会感到不解：为什么在那个中产阶级的小区停了一个星期都没事，但是车窗被打破之后，几个小时之内就被偷走了呢？

对此，犯罪学家凯琳和政治学家威尔逊是这样解释的：一辆完整的车因为没有漏洞，所以很难引起人偷的欲望。但是当它的车窗被打破之后，就给别人这样的暗示：这辆车被打破玻璃也没有关系。因为一个车窗的打破，本身就透露了“秩序并不像我们想象的那样完美”，也没有引起我们想象的后果——抓住打破玻璃的家伙。这就勾起了人们打破其他玻璃将其偷走的欲望。

当然，破窗效应并不总是让事情变得越来越糟糕，

当我们反其道而行之，它也能巧妙地发挥其积极作用。下面这个例子就是一个很好的“榜样”。

20 世纪 80 年代，纽约市的城市环境和治安状况相当不好，地铁车厢十分脏乱。为了解决这种混乱、肮脏的状况，纽约市政府从整洁车厢、查询车票做起。虽然当时的人都不以为然，认为这是“船都要沉了还在洗甲板”的行为，根本没有什么作用。但是，这个方法实行不久以后，就出现了奇迹：随着城市整体面貌的干净整洁，人们犯罪的欲望大大降低了；警察在查票时，检查人们随身携带武器的情况，发现带武器的人少了……最后纽约的治安和环境都得到了很大的改善。

为什么地铁车厢保持整洁和警察大力查票会让纽约焕然一新了。很简单，因为“窗子”被打破了，人们发现原来脏乱的秩序是可以被打破的，而且正在被强迫地打破，渐渐地，这就唤醒了人们爱护环境和维护安全的意识。当这种意识渗透到生活的其他方面，恶性循环被打破了，引发了一系列的变化，纽约也就变成了另外一个纽约。

懂得了破窗效应的原理，我们不妨把它运用到我们的工作和生活中，打破恶性循环，让工作和生活有一个良性的发展。

假如我们是领导者，当我们的员工出现了一个小问题，千万不要等闲视之。因为一次小的忽视，看起来是很轻微的、个别的，但是之后很可能带来大的隐患。比如，某个员工因为心情不好而对工作大意，这种不佳的状态很快就会蔓延。所以，一旦发现这个问题，我们就要尽快与这位员工沟通。尤其是那些触及公司利益的错误，更要及时处理，以免引起不良后果。

同样，在生活中，假如我们有很多不健康的生活习惯，觉得一下子要改正过来很困难，那么，可以试着先改变某一个习惯，比如不吃早饭、总是熬夜、不做运动中的一项。当我们体验到坏习惯的秩序被打破之后，自然就会慢慢地去打破其他坏习惯的“窗子”。当然，如果把自己原来某个好习惯改变了，很快我们其他的好习惯也会被改变。所以，无论是工作还是生活，千万不要忽视破窗效应的作用，小细节也要做好，才能保持自己工作和生活的良好秩序。

预言竟然让大蒜比肉贵

如果我们经常逛超市或菜市场，不难发现琳琅满目的商品都在涨价。猪肉价格上涨，食用油价格上涨，方便面涨价，洗涤用品涨价……一时间，老百姓见面打招呼都离不开涨价的话题，CPI（消费物价指数）一下子就成了时下的流行语。

一些农产品，例如，大蒜、绿豆这些平日不起眼的农产品，也不甘落伍，价格疯涨，贵过猪肉，让人百思不得其解。老百姓怎么也想不到上一年一毛钱一斤都没人要的大蒜，转眼间却成了大家争相抢购的香饽饽。

面对疯狂高涨的菜价，民众不断抱怨吃不起蔬菜，吃不起豆，吃不起蒜……面对社会大众的质疑和抱怨，相关专家给出了自己的答案。有专家认为是气候因素导致的减产和蔬菜出口增加所致；有学者指出是由于股市楼市的不景气，使得大量游资进入农产品市场炒作蔬菜，从而引发蔬菜价格暴涨。不少人甚至归结到去年“吃大蒜防甲流”的言论盛行，导致大蒜需求量短时间内猛增，市场上大蒜供不应求引起的价格上涨。

面对应接不暇的涨价原因，老百姓犯糊涂了：到底谁说得对？

其实，如果我们静下心来，客观地分析一下关于大蒜和绿豆涨价的各种不同原因，便会发现其中很大一部分原因是人的心理在作祟，从而炒高了大蒜和绿豆价格。

社会学家和社会心理学家常常会谈道，世界上的不少事情不会因我们对它有什么看法而受到影响，但有些事情却会因我们对它们持某种看法或心理（包括做出某种预言）而受到影响。这个预言本身导致所预言的事情出现，也就是心理学中所谓的“自我实现的预言”或“自我应验预言”。

以大蒜涨价这个事情为例，“自我实现的预言”再一次得到应验。早在 2009 年年初的时候，很多经销商就预计年末大蒜价格将出现上涨，因此都纷纷提前到产区抢购、储存大蒜，等待价格上涨；不少农户也预计到今年大蒜价格的走势，普遍存在一定的惜售心理，等待时机合适再出售手中的大蒜；这中间，媒体对经销商囤货和蒜农惜蒜的报道，以及一些专家对于大蒜价格走势的分析，在不自觉地向公众暗示蒜要涨价的“预言”……久而久之，“蒜要涨价”逐渐成为社会的共识，公众开始为大蒜的“供不应求”而紧张，不惜高价购买大蒜。在这种共识和心理的共同催化作用下，大蒜的价格也就如期飞涨，并伴随着实质性的短缺和囤货惜售，严重加剧了供需之间的矛盾，终于在短时间内将蒜价推高到一个可怕的价位。

分析到这里，我们应该明白，群众的眼睛不一定是雪亮的，大多数人的共识可能只是一个假象。所以，下次当大家拥进超市抢米抢醋时，我们是否要先动动脑筋想想这些表象后面的真正起因，以便做出更理智的行动，而不会被子虚乌有的“预言”牵着走。

如何找回真实的自我

今天，你摸过了你的袜子、鞋子、上衣、裤子……这些东西，在你日常生活感受到的事物里，只不过是一小部分。然而你每天接收了上百种感觉，真正觉察到的有多少呢？

身份认同系统会过度缩减一个人的觉察，渐渐导致你脱离现实，也就是扼杀你的感官活力。我们太习惯于陷入自己的想法，付出的代价就是自己的身体和周围的现实脱离。一旦你放开身体里有关受损自我的“内在信念”，让其进入你的感官，一些常见的小病痛就会消失。你在感到心神不宁或无法入睡的时候，都可以利用这个好方法——简单地用手指揉揉太阳穴。重回你的感官世界，能使你镇定并让你心神安宁。

将你的觉察集中在触觉，是种很重要的搭桥练习。在每天忙碌的生活中，你有很多机会可以进行搭桥练习。当你洗澡的时候，不要忽视这样的美妙感受：水珠在身上跳舞、手指轻轻地按摩头皮、流水汩汩地灌入排水孔。欣赏这些感受和声音，能让你对洗澡以及未来生活的每件事物都有新的体验。

你在卖场排队的时候，不要只是对于缓慢移动的长长队伍感到不耐烦，甚至还由此增强受损的自我。你可以听听周围环境的声音——店里的广播声、母亲逗弄小孩的欢笑声以及每刷过一样东西时发出的嘀嘀声，仔细觉察你的身份认同系统以何种方法试图将你带离此地。

在治疗无法控制饮食习惯的人身上，搭桥也有很好的成效。一旦你学会搭桥通往觉察的练习，你就更能了解身体的渴望，更清楚饥饿的感觉。闻一闻食物的香气，感受它在你的叉子上或手中的重量，看看它的外表，并且在吃每一口的时候品尝它的味道。

37 岁的两个小孩的母亲罗冰，在她成年后的记忆里，体重一直都是多了二十几公斤。尽管罗冰非常了解营养学，不过她从来没有找到一个成功的饮食控制方法。在她的头号问题——体重控制身心导图里，满满都是压制手和修复手的想法。她的压制手告诉她："我很肥而且很讨人厌""我就是做不到""我天生就胖""我没有自制力"，以及"我试过一百种节食方式，但没有一种成功"。她的修复手则试图用这样的想法使她振作："其他的每件事我都做得很好，所以我会成功的""我只要每天摄取 1400 以下的卡路里，而且天天骑脚踏车运动，就可以达成目标”，还有“我不会轻易放弃”。在她体重控制身心导图里出现的身体感觉，包括肩膀紧绷和背痛。

不要低估你自然、自由运作自我的宽阔感带给你的持久不变力量。要记住，身份认同系统的目标是分离，要随时随地排除这种不自然的分离，持续不断返回此时此刻正在进行的事情。你不必奋力达到平静或放松的状态，通过搭桥，你会进入当下的情境，无论在什么环境都是如此。如果你很紧张，不必对抗，只要觉察它的存在。如果你的呼吸很短浅，也只要知道这件事就可以。你不需要修复任何东西、任何事情。

有了搭桥，你会因为真实自我有空间可以喘息而感到更愉快，你也会从身份认同系统的掌控中解放出来。这些练习都有疗愈的效果，因为它们可以降低恐惧、焦虑和紧张，让你回归自然。

我们怎么在不知不觉中被大量的信息催眠

一个学生参加主持人大赛的半决赛，请人指导让评委在三分钟之内记住她。根据她的情况，指导者拟定了一个出场的方式：

上场之后，落落大方地摆好站姿，不说话，而是拉远目光，先将观众扫视一遍，然后收回目光，与评委老师一一对视，并以优雅的姿态与评委打招呼：“各位老师好，我们又见面了！”

这是个“荒唐”的招呼，因为这些评委与她之前没有见过，于是就会有评委问：“这位选手，我们什么时候见过面？”

她按照步骤回答：“昨天晚上，梦里！”这时，她便开始最为关键的三句话介绍，这三句话是这样的：“××，带着21年梦想的××（停顿），××今天把21年奋斗所得的能量展示给大家（停顿），请看××接下来的表现！”

这个开场成为该环节最有吸引力的开场白，这位学生最后也如愿以偿地赢得了比赛。这种出场方式的可取之处在于：开场的冷场引起了评委与观众的紧张；接着与评委对视，让评委感到意外，忍不住去注意该选手的形象——这正是她的优点；接下来，一句“我们又见面了”再次引起评委老师的好奇，而回答则给这些善于用画面思考的评委带来了想象，他们对选手的感觉就会更为贴近，自然非常想要知道选手的名字；而最后三句介绍，重复了四次名字，又将一个为梦想努力的女孩的形象完全展示出来，这样一来评委怎么会不记得这位选手呢？

人的一切行为都受到内心各种各样感觉的影响，这些感觉来自过去储存在大脑里的画面。最重要的是，这些画面在进入人的大脑时伴随着什么样的情绪体验，这种情绪体验就直接影响此人下一次在遇到同样事情时所采取的决定。人在快乐的时候，内心的阻抗与评判是最少的，此时发生的事情也最容易被接纳。不仅如此，人在面对变化万千的世界时，经常会有一种对“恐惧”这种感觉的忧虑，即我们所说的不安全感。而这种不安全感，会使我们在行动的时候犹豫不决。

除了广告，权威的催眠能力在很多别的场合也得到了体现。

人们对权威的崇拜和权威情结的迷恋，让他们对所谓的权威信服、听从。名人的成功带着人们所羡慕的光环，因此，名人在人们心目中已经成为一个羡慕、崇拜、想要模仿和接纳的榜样。名人的行为、语言甚至外在的装饰、声音、眼神都会被人们的潜意识接纳，达到催眠效果。

榜样的催眠力量在人类文明发展的过程中起到了相当重要的作用。他们的催眠效果，使后人不断传承他们所带来的美好东西，并且在传承的过程中挖掘深的层次、扩充新的内容、纠正现有的缺陷，加上时间的沉积，使得我们的认识水平不断提高。正如牛顿所说:“如果说我有什么伟大之处，就是站在了巨人的肩膀上。”

生活中，我们经常给自己制定目标。然而一旦目标实现不了，我们就会放弃这个目标转而寻求其他目标。在遇到困难时，我们首先想到的不应是改变目标，而是要变化方法寻找新的突破口。

每个人都追求完美，所以在人生的路上，我们往往会关注那些我们没有的品质、能力、经历，等等。很多时候我们会做一些事情来弥补这种缺憾，以满足内心深处对完美的渴望。但在行动的过程中，自我认知与外部客观环境总有一定的差距，我们因此就会受挫，渐渐地就会积累很多的负面情绪。生命是一个不断完善与提升的过程。但有时，人们往往太执着于弥补自己的缺点，忘记真正的自我，在外界变化中不断失落而陷入痛苦。人总有一些“缺陷”是难以改变的，从另外一个角度来看，这些缺陷恰好也是让我们变得独一无二的特质。甚至在某些情况下，缺陷还让我们具有与众不同的魅力。

第二章

黑就是白：为什么错觉让我们视而不见或信以为真

为什么快乐的时光总是短暂的

我们常说："快乐的时光总是很短暂，痛苦的时光则总是很漫长。"也就是说，人们对时间的估计与这段时间的活动内容和心情有关，假如内容有趣、心情愉快，当时会觉得时间过得很快，而事后回忆时却会觉得很长；假如内容无聊、心情很坏，那么当时会觉得时间过得很慢，事后回忆时会觉得很短。所以，热恋时情人间的幽会，总有"一日不见，如隔三秋"之感。为什么会出现这种情况呢？其实，这是一种错觉，是情绪欺骗了我们的大脑，让它产生与客观实际不符合的感受。

什么是错觉？错觉是人们观察物体时，由于物体受到周围环境干扰，或自身的生理、心理等原因，而产生与实际不符的判断性的感觉误差。错觉普遍存在于我们的日常生活中。

在火车站站台上，当和我们所坐的列车并排停靠的另一辆列车启动时，我们会以为是自己所坐的列车启动了。在列车上，当我们翘首窗外时，窗外的田野、森林如快马般向后飞驰，这是运动错觉。假如问一个孩子，是一斤棉花重呢还是一斤铜铁重？孩子会脱口而出，是铜铁更重，这就是所谓的大小—重量错觉。对于热恋中的男女，通常会觉得自己的情侣最美丽最可爱，正所谓"情人眼里出西施"。

类似的例子还有很多，比如，有宽大玻璃窗的房间要比它的实

际面积显得大一些，这是整体－部分错觉；穿横条纹的衣服要比穿竖条纹的衣服显得人胖，这是几何图形错觉；同一个姑娘，穿一身黑衣服要比穿一身其他颜色的衣服显得苗条，这是色彩错觉；人在夜晚行走时，天上的月亮总像是在跟着自己走，这是心理错觉。

从以上这些例子可以看到，错觉的产生是普遍存在的“正常现象”：一方面，只要产生错觉的条件具备，同一个人在任何情况下都会产生同样的错觉；另一方面，在一定的条件下，错觉的产生对任何人来说都是一视同仁的。对一个人来说，在一定的条件下，产生错觉是一种正常的知觉，在这个条件下不产生错觉反而是不正常的。

那么，是什么因素导致了错觉的产生呢？原因比较复杂，通常有以下几个方面：

首先，生活环境和条件会影响我们对同一事物的感觉。同样一餐饭，分别让一个来自贫困家庭的儿童和一个来自富裕家庭的儿童来吃，会吃出不同的感觉：在多数情况下，前者会觉得味道更好，而后者对这个味道的评价则会差许多。同样这两儿童，因学习成绩较好分别获得 100 元的奖金时，前者会比后者感觉得到得更多。

其次，错觉的产生，与我们的生理构造息息相关。某些几何图形错觉，可能是视觉分析器内部的兴奋和抑制的诱导关系造成的。这种关系可能会造成视觉的某些错位现象。

另外，过去的经历，也会导致我们对当下的处境产生错觉。人们对事物的知觉是在自己过去经验的基础上形成的，当目前发生的情境与过去的经验相矛盾时，如果仍然按照经验习惯去知觉当前的事物，那么就容易产生错觉。

虽然，错觉的产生是不可避免的，但并不等于说人不能正确地认识客观事物，相反，利用错觉能够帮助我们更好地认识周围的世界。近年来，人们在对错觉现象进行理论研究的基础上，已经将视野转到利用错觉理论进行产品的研究开发上。目前，错觉已经在电影电视、广告制作、服装设计、商品装潢、军事工程等实际生活的各个领域得到了广泛应用。这些都是利用错觉的原理，为我们呈现一个更契合我们感官体验的世界。

我们拥有预知别人下一步行动的能力

所谓的第六感，就是除了视觉、听觉、嗅觉、触觉、味觉之外的第六感“心觉”。通常我们都是通过感官（五感）——眼（视觉）、耳（听觉）、鼻（嗅觉）、舌（味觉）、肌肤（触觉）来感知外在的世界。但也有一些人提到，我们拥有第六感，能够超感官地感知周围事物。

仔细留意一下我们的生活中，第六感或说是超能力是普遍存在的。比如，我们走进一个房间，会自觉地感受到哪些地方有问题、有差异，并且从细小的地方，我们就可以感受到一些东西，并能得到一个整体的印象，虽然我们并不能用语言表达出来。或者，我们准备做什么事情的时候，会预料到有什么事情发生，而在我们进行的时候，真的发生了！

许多人都认为这就是第六感或直觉，它超出了一般的视觉、听觉、触觉等的范围，是神秘的、无法解释的。事实上，直觉和第六感背后是有原因的。

首先，相对理性来说，我们身体的感性要敏锐得多。

其次，我们的潜意识时刻在帮我们搜集信息，可能在我们还没有察觉的时候，潜意识已经通过这些信息得出结论，并谨记在心。

但是，无论如何，在这些事情的背后，都有大脑无形的运作。我们得到的直觉，更多的是大脑从生活中进行推演的结果，这个过程是在大脑感知区域进行的，而不是认知区域，所以我们并不能理解为什么是这样，但我们却实实在在地觉得会是这样。

关于这个问题，17 世纪的哲学家兼数学家帕斯卡说过这样一句话："心灵活动有其自身的原因，而理性却无从知晓。"经过四个世纪，这一观点得到了证实，并且得到了进一步的确认。要知道，在我们的思维中，自动的那部分要比主动的部分多很多，我们是难以把握这些自动的思维的。而这些自动思维的外显，便构成了生活中的直觉。

同时，生活也为直觉提供了“土壤”。当我们面对一些危险事情的时候，大脑就会从那些已经得到的“生活”中给我们一些警告。比如，当我们害怕某个人的时候，身体就会在大脑的支配下，出现一系列不舒适的信号：起鸡皮疙瘩、手心出汗、胸口发冷、恶心等。相反，如果我们面对某个安全人物的时候，身体就表现得比较舒适，比如身体感到温暖、肩膀放松，整个身心都会比较轻松舒服。

由此看来，直觉并不是可以呼之即来，可以随时帮我们做出判断的。直觉需要我们积累一定的生活经验，才能对新情况迅速做出反应。毕竟所有的直觉都不是偶然获得的，是我们长期积累的结果。这就是为什么象棋大师一眼就可以看到什么是关键的棋子，而新手却要经过很长时间的磨炼，才会有这样的直觉。在这里心理学家给我们提供了一些锻炼和启发直觉的小窍门：

质疑日常的思维方式和对传统问题的处理方法。

回忆自己的经验。

有勇气去冒险。

随身携带一个小本子，捕捉自己瞬间的猜测，记下来。

让思维紧张。

与其他人交流。

详细地陈述问题。

总之，第六感或直觉也是感官功能的一种，如果我们能科学对待，努力训练，让自己的感知能力更全面、更敏锐，那么当我们处于两难之中，用知性和理智难以解决问题的时候，也许直觉可以派上用场，帮我们做出一个真正符合自己心理需求的选择。

为什么手机没动，我们却常感觉它在振动

在手机没有设置振动功能的情况下，你能感受到你的手机在振动吗？那种“吱吱”的吵闹声，像虫子在叫一样，甚至你的身体也感受到了一种持续的轻微的震颤。正常人很难有这种体验，可是在心理咨询与治疗室，这样的诉说并不是稀罕事。

小张在半年前听力出现一些异常：有时明显听见手机在振动，拿起来一看，却什么也没有；有时埋头工作，突然听见旁边有人叫她，猛地一抬起头，却谁也没有。小张心想，可能是工作太繁忙，压力太大，才会出现这种情况，所以，也没有特别重视。谁知道，半年过去了，这种幻听却变本加厉，最近，她常常听到一个人在肚子里骂她，这不仅引起小张心理的恐惧感，也让小张变得心神不宁，难以集中精力做其他事情。

是小张的耳朵出问题了，还是她身体的其他部分有毛病？我们先来了解一下幻听。

幻听就是现实环境中根本就没有这种声源，但患者却实实在在地感受到了某些声响，一般的幻听患者听到的声音主要是人的说话声。其次，幻听还伴随着身体其他的幻觉，比如该患者经常

听到有人在旁边喊他的名字。通常，过度疲劳、精神极度紧张和惶恐等情况下，容易出现幻听。

当然，以上提到的怪现象只是幻听的部分症状。心理学家经过大量心理学和医学上的临床资料观察，总结出了幻听病人的一些症状：早期，幻听出现次数较少，幻听的虚幻程度较接近真实世界；随着病情的发展，幻听频率上升，内容也变得离奇古怪。在这种大量的虚幻刺激下，患者的精神能量逐渐耗竭，他们再也没有能力分辨出自己到底生活在一个什么样的世界了，感觉自己就像生活在一个梦幻的世界里。一般幻听病人听到的语言多是针对他们自己的，大部分是对他们的议论、批评、命令、攻击等。患者在这些声音的主导下可能去伤害别人或自己。这个时候，患者对于社会来说就成了危险人物，需要接受治疗才行。

幻听深入发展，还伴随着患者和虚幻中的声音的争吵，但在我们看来，他是在自言自语，并伴有脸部肌肉痉挛、精神起伏剧烈的症状。精神分裂症的幻听，往往是随疾病发展而发展，不经治疗很少能自动消失。经过治疗后，幻听随病情好转而逐渐减少，患者对幻听的态度逐渐淡漠，最后幻听消失。幻听的重新出现，往往预示着病情的波动与复发。

此外，幻听的临床表现还分为假幻听和真幻听。通常假幻听患者认为声音不是来自外部，而是来自他的身体内部，比如他的腹部、头部等，他会指着自己的肚子说："你听，他们在开会，商量如何杀死我呢！"而真幻听患者听到的，声音是真实的，他会说："你听，就在门口，那个男人又开始骂我了。"门口确实有个男人在说话，但是并没有骂他。精神分裂症患者的幻听大多为真幻听，也有一些假幻听。

看到各种幻听的怪现象之后，我们不禁要问，幻听是怎样产生的呢？为什么会出现这些奇怪的声音，混淆我们的听觉呢？

心理学家认为，幻听是大脑听觉中枢对信号错误加工的结果。我们生活在一个满是声音刺激的世界，正常人对不同的声音都能给予合理的加工，而幻听患者却错误地加工和解释了这些声音。幻听者是对声音世界进行了主观改造与加工，是加工系统混乱造成的，比如声音刺激和过去的记忆会产生混淆，导致患者的时间感混乱，内外世界混乱，导致对声音来源的判断错误，从而表现出离奇的行为。

综上所述，如果我们常常感觉手机在振动，实际却什么也没发生时，可不要轻易一笑了之，而应慎重对待。如果还伴随有其他的幻听现象，应尽快去心理咨询中心或精神治疗场所进行诊断，将症状遏制在初始阶段，不要让事实上并不存在的声音打乱了我们原本正常的生活。

有人爱看色彩，有人爱看形状

我们在观察和认知事物的过程中，通常会受颜色和形状的影响。一般情况下，我们会凭直觉进行判断，选出自己中意的商品。不过，每个人的直觉“依据”都有所不同，有人受形状的影响比较大，有人则受颜色的影响比较大。前者被称为“形型人”，后者被称为“色型人”。

小洋洋四五岁的时候，对色彩特别敏感，母亲给他买了一整套的涂色画册和24色彩笔，他十分高兴。每天他都在画册上涂涂抹抹，乐此不疲，甚至连家里干干净净的墙面也成了他色彩涂鸦的广阔天地。

但奇怪的是，随着小洋洋的逐渐长大，他的喜好也有了180度的转变。他对彩色图画的兴趣正在慢慢变淡，而开始喜好上素描、漫画，也不太追求五颜六色，一根铅笔他也能画得不亦乐乎，并且，在他的涂鸦作品中，也出现了各种多样的图案。

小洋洋为什么会出现这种“成长的变化”呢？其实，这是正常的知觉变化发展过程。

根据现有的研究结果可知，人类的大脑在发育过程中，对颜色的认知要早于对形状的认知。一般来说，9岁以下的儿童大部分都属于色型人，他们对色彩相对敏感，能迅速地记住各种颜色，并试图将其表现出来。色彩，是这个阶段的儿童认识外部

世界的最直观途径。但到了 9 岁左右，大多数儿童会转变为形型人，他们开始被形状吸引。形状取代色彩，成为他们观察世界的重点。这种转变将一直保持到成年后，因此，大多数成年人都属于形型人。

当然很多时候，对色彩或形状的“偏爱”也会因人而异。比如，选择一件商品时，如果功能、品质、价格完全相同，我们会根据什么做出选择？是颜色，还是形状？答案并不总是偏向形状。

有心理学家对此做了相关的调查研究，结果表明，男性中形型人略多，而女性中色型人稍多。从年龄段上进行分析，二三十岁的女性中色型人居多，尤其是 30 多岁的女性，色型人的比例达到 70%。可见，成年人中色型人的比例较高。对此，心理学家的解释是，日常所见的事物对大脑的发展会产生刺激，而现代社会中，色彩比以前要丰富得多。身处色彩缤纷的世界中，人对颜色也会变得敏感，色型人也因此增加。

在实验调查过程中，心理学家还发现了一个有趣的现象：假如一个人的主要工作是绘制色彩丰富的图案，那他与颜色相关的细胞一定相对发达。而长年看某种特定形状的人，对该形状产生反应的细胞自然发展迅速。

可见生活环境和自身经历，也会影响我们大脑对色彩和形状的敏感度。其实，对环境做出反应的这种大脑系统，并非人类的专利。有实验表明，在正常环境下喂养动物，动物对各种光的刺激做出反应的细胞均得到发展。在竖条纹的房间中喂养动物，动物只有对竖条纹做出反应的细胞得到发展，而对横条纹做出反应的细胞几乎不存在。

这就是为什么生活环境相同的人，比如夫妻、兄弟姐妹、朋友同事，多属于同一类型。因为生活环境相同的人，常常看到的都是一样的颜色和形状，对颜色和形状产生反应的细胞发达程度也大体相当，从而产生了对色彩或形状相类似的偏好。

那么，我们的成长经历和生活环境影响了我们对色彩和形状的感知，那么反过来，对色彩或形状的感知又会对我们自身的成长产生什么样的影响呢？色型人和形型人之间又有什么差别呢？很多心理学家进一步研究了这两类人的性格差异。

德国精神病理学家恩斯特·克雷奇默在性格分析研究领域颇有建树，而他的学生们则对色型人和形型人的性格差异进行了研究，并搜集到大量有价值的数据。根据他们的研究成果可知，容易受形状影响的人不善言谈，社交是他们的弱项；而容易受颜色影响的人，性格开朗，善于交际。

但是，也有持相反意见的，认为色型人趋向内向，神经敏感，形型人则性格爽朗。对于这些认识上的差异，我们不必要深究。重要的是，了解其中的原理，并能在平时的生活中，有意义地去提高对色彩和形状的感知，尤其是在幼儿的培养和智力的开发过程中，多让孩子接触五颜六色的东西，多给孩子玩不同形状的玩具，这些都有利于刺激他们大脑对色彩和形状的感知，促进其智力的发育。

为何我们有似曾相识的感觉

在我们的生活中，不管是看人、看事还是看景，经常会有“似曾相识”的感觉。也就是说，在现实环境中（相对于梦境），我们会突然感到自己曾经亲身经历过某种画面或某些事情。在心理学上，这种体验被称为“既视感”。

看过《红楼梦》的人，应该都记得宝玉与黛玉第一次相见的场景：

宝玉看罢，笑道：“这个妹妹我曾见过的。”

贾母笑道：“可又是胡说，你又何曾见过她？”

宝玉笑道：“虽然未曾见过她，然我看着面善，心里就算是旧相识，今日只作远别重逢，未为不可。”

宝玉在黛玉身上找到似曾相识的感觉，这种经历其实几乎在我们每个人身上都发生过。有些人即使第一次见面，却莫名地觉得亲切和熟悉，仿佛已经认识很久了。为什么会出现这种情况呢？是不是真如一些人所说的存在前生往世呢？

关于这种体验出现的原因，前生往世我们无法进行考究，倒是医学家和心理学家们做出了下面一些解释。

首先，似曾相识源自大脑的错误储存。医学上对“似曾相识”有这样一种解释：每个人的大脑都会有一个记忆缓存区域，当你看到一些事情的时候，会把这些记忆先放到缓存区里面。但有的时候，大脑会把这些记忆储存到错误的地方——历史记忆区。于是当我们看着眼前的事情，就会感觉自己好像看到过一样。尤其当我们疲劳的时候，这种现象更容易发生。

其次，似曾相识是过去的记忆惹的祸。心理学家认为，似曾相识感的出现可能是因为我们接收到了太多的信息而没有注意到信息的来源。生活中，我们所经历的事情很多很多，有的我们会刻意记下来，但有的我们却不会在意，这些记忆就变成了无意识的记忆。而当我们面对新的事物和情景的时候，这些事物会刺激我们储藏在大脑里的一些记忆，让我们曾经经历的记忆与现状进行匹配，于是似曾相识的感觉便产生了。

最后，似曾相识是现实与虚拟信息的产物。有一些心理学家也认为，我们未必都真的经历过那些“相匹配”的事情。但是，我们做过相匹配的梦，看过相匹配的小说、电视、电影，它们通过各种虚拟的场景，给我们提供“相匹配”的信息。于是，当我们在面对一些与这些虚拟信息相符合的场景的时候，便会突然想起我们忘记的梦，或者是忘记的小说、电视、电影的情节。这样，便产生了似曾相识的错觉。

这也就是为什么那些经常在外旅游的人、喜欢电影小说的人和想象力丰富的人，似曾相识的感觉在生活中会来得更加频繁。因为他们的信息来源要远比其他人多。

除了以上这些人容易产生似曾相识的感觉，有关研究结果还发现有以下特点的人，比其他人更容易出现似曾相识的情况。

一方面，情绪不稳定的人更容易出现似曾相识的现象。这是因为与情绪相关的记忆我们会更容易记住。所以，曾经的恋人在很多年后，还记得分手前说过的话、经历的事，甚至连一个动作也那么历历在目。

另一方面，青年人和更年期的人，相对于年幼和年老的人，更容易出现“似曾相识”的感觉。这和人体的内在状况有很大关系，由于内分泌剧烈变化，情绪不太稳定，记忆也就变得活跃起来，那些无意识的记忆，不需要去想，就可以深刻地映现在我们的大脑里。

但值得注意的是，过于强烈、过于频繁的“似曾相识”并不好，它意味着储存记忆的脑细胞正遭受着强烈刺激，而这很可能是癫痫的前期症状。所以，在我们的生活中，要细心体察自己的情绪和感觉，学习相关的心理学知识，当出现奇怪的感觉时，可以科学地给自己一个解释。就像对待似曾相识的感觉，既不要将其说得玄乎其玄，也不要忽略其存在，如果频繁出现这种感觉，及时地咨询有关心理专家是最安全的做法。

“度日如年”中的时间错觉

不知道你是否留意过，当做喜欢的事情时，你就觉得时间过得很快；当做一件不喜欢的事情时，你便如坐针毡，觉得时间过得很慢，似乎都过了 1 小时了，可实际上才过了 10 分钟。这是因为你对时间的知觉出现了错误。我们对时间长短的感觉，会因在这个时间内所做的事而产生不同的错觉。

时间错觉是指对时间的不正确的知觉。由于受各种因素的影响，人们对时间的估计有时会不符合实际情况——有时估计得过长，有时估计得过短。

一般来说，当活动内容丰富、引起我们的兴趣时，对时间估计容易偏短；当活动内容单调、令人厌倦时，对时间的估计容易偏长。

当情绪愉快时，对时间的估计容易偏短；当情绪不佳时，对时间的估计容易偏长。当期待愉快的事情时，往往觉得时间过得慢，时间估计偏长；当害怕不愉快的事情来临时，又觉得时间过得太快，时间估计偏短。此外，人们的时间知觉还具有个体差异性，最容易发生时间错觉现象的是儿童。

人们对时间的错觉容易使人想起爱因斯坦的《相对论》。关于《相对论》，爱因斯坦有一个精妙的比喻："当你和一个美丽的姑娘坐上 2 小时，你会觉得好像只坐了 1 分钟；但是在炎炎夏日，如果让你坐在炽热的火炉旁，哪怕只坐上 1 分钟，你都会感觉好像是坐了 2 小时。这就是相对论。"

和美丽的姑娘聊天，当然是甜蜜的体验，人人都希望它能长时间持续下去；相反，炎炎夏日，在炽热的火炉边烤着，分分秒秒都是煎熬，自然希望它赶快结束。也许正是因为自己的主观愿望和实际情况的比较，使我们产生了这两种截然相反的时间错觉。我们平时所说的"欢乐嫌时短""寂寞恨更长""光阴似箭""度日如年"，也是这种情况的体现。

在一个时间周期内，人们往往感觉到前慢后快。比如，一个星期，前几天相对于后几天感觉慢，过了星期三,一晃便到了星期天。一段假期，前半段时间相对后半段显得慢，当过了一半时间，便觉得越来越快。所以有人说："年怕中秋日怕午，星期就怕礼拜三。"出现这种现象的原因是：在一段时间的前期，你觉得后面的时间还很多，不着急，就感到时间慢；越到后来，你越感到时间所剩不多就越感到着急，也就觉得时间过得快。

人生也有这个规律，人在童年时代感到时间过得慢，就像歌里唱的，"那时候天总是很蓝，日子总过得太慢"，因为你觉得以后时间还有的是。等年龄渐长，尤其过了 30 岁，就感到时间不那么多了，于是开始着急，也就觉得时间过得快了。

为什么说视觉并不可靠

俗语说"耳听为虚，眼见为实"，这句话意在告诫人们道听途说的不要相信，很可能是虚假的；只有自己亲眼所见才是真实可信的。不可否认，眼睛是人的感觉器官中最直接、最能反映事物原貌的。但眼睛看见的是否真的就是真实可信的呢？

视觉是一个生理学词汇。光作用于视觉器官，使其感受细胞兴奋，其信息经视觉神经系统加工后便产生视觉。人们感知到的很多信息都是通过视觉获得的，而人的心理通常会干扰视觉的正常工作。据统计，在五官中，视觉获得的信息占 80% 以上。视觉获得的信息并不可靠。

例如，警察在进行犯罪调查需要询问目击者时，目击者的叙

述有时会受到先入为主的观念的影响。有人认为自己看到的人与凶犯非常相似，也许他并没有看清那个人手里拿着什么，却会认定他手里拿的是凶器。因此，有些证人的证词反而会将案件调查引入歧途，这也说明人是可以通过想象来制造印象的。

在实际生活中，人的视觉往往会产生错觉。产生错觉的原因，除来自客观刺激本身特点的影响外，还有观察者生理上和心理上的原因。来自生理方面的原因是与我们感觉器官的机构和特性有关；来自心理方面的原因是和我们生存的条件以及生活的经验有关。

自古以来，人类就有很多错觉，如不用理智来精细推测，往往会被表面现象迷惑，甚至哲学家也不例外。亚里士多德就曾经认为重的物体比轻的物体落地快，可是后来伽利略的斜塔实验证明他是错的。

我们往往说“一见钟情”，这说明我们对于事物的认识其实是十分模糊的。我们对于事物的认识，一般一开始只是对视觉信号进行模糊处理，即只对信号进行轮廓辨认和处理，也即只辨认主要特征。我们只有在多次接触的时候才会注意到更多的细节。这就造成我们被第一印象所欺骗的情况。

为什么蒸馏水会变得有气味

在意大利的一个小镇上，一栋看起来不起眼的二层楼住宅，下面有个毫不起眼的阳台，一扇毫不起眼的木门，旁边有一个毫不起眼的钟亭，却常常挤满了慕名而来的游客。每个人都要在阳台上摄影留念，年轻的恋人们还不忘在留言簿上写下海誓山盟，因为这是莎士比亚笔下经典爱情故事女主角朱丽叶原型的家。

这则故事反映了一种特殊的社会效应——名人效应。名人效应是指名人的出现所达成的引人注意、强化事物、扩大影响的效应，或人们模仿名人的心理现象。

名人的力量是非常强大的。美国心理学家曾做过这样一个有趣的实验：

在给大学心理系学生讲课时，心理学家向学生介绍说聘请到举世闻名的化学家。这位化学家来到课堂上，手里拿着一个瓶子，他向学生介绍说自己发现了一种新的化学物质，这种物质具有强烈的气味，但对人体无害。然后，化学家说他想在这堂课上测试一下大家的嗅觉。接着他打开瓶盖，让瓶子里的液体慢慢挥发。过了一会儿，他要求闻到气味的同学举手，不少同学举了手。其实这只瓶子里装的是蒸馏水，“化学家”是从外校请来的德语教师。

教室里并没有特殊的气味，但在“化学家”的心理暗示下，加之对“举世闻名的化学家”的崇拜，让学生们的鼻子不得不屈从于心理。如果不举手的话，就表示他们的嗅觉有问题，学生们不想让别人看自己的笑话，纷纷举手表示闻到了气味。

名人效应是一种非常有利用价值的社会效应。名人是人们心目中的偶像，他们是人们生活中接触比较多、比较熟悉的群体。名人的影响力有着一呼百应的作用。

名人效应在社会中的应用是很普遍的。首先在广告方面，一打开电视机，铺天盖地的广告迎面而来，几乎大部分的广告都在利用名人效应，因为受众对名人的喜欢、信任甚至模仿，能够转移到对产品的喜欢和购买上，这有利于商品的销售。在电影和电视剧市场，名人效应也是广泛存在的，借助名人的影响力提高影片的知名度，同时利用名人的个人魅力提升影片的观赏性，这些都是名人效应的应用。

许多企事业单位以及商场、酒店、学校、娱乐场所，大都愿意请名人雅士赠字；一些商品的宣传资料上，常常见到政界高级官员的题词和接见董事长、总裁的照片，就是因为人们更容易买名人的账。

还有许多人初次见面，总爱向对方夸耀自己认识某某大人物，一提到那些官居要职的人，即便攀不上亲戚，也一定要说成是自己的熟人或曰“朋友”，或“朋友的朋友”。这些人无非是想借名人的光环来扩大自己的影响力。

在商品销售中，借助人们对名人的仰慕心理是十分重要的。翻开众多销售成功的案例，名人效应屡试不爽。在化妆品、香皂等广告宣传中，利用名人效应，选择大明星、歌星做广告，效果就很好。现在，许多体育用品厂商利用世界级著名运动员大做广告，通过赞助比赛、提供比赛服装和用品的形式让著名运动员为其产品扩大影响力，这样的销售方式风行于全世界。

常见的利用名人效应销售商品的方法有以下几种：

第一，在书店里请著名作家与读者见面，对所购书籍签名留念，一般销售情况都比较好。消费者买书是为了收藏自己所喜爱作家的作品，而作家签名的书籍无疑更有纪念价值。

第二，在商场中请著名演员献艺，可以吸引大量顾客，生意自然兴旺。大多数人都有凑热闹的心理，请著名演员献艺，既可以使顾客看到喜欢的演员，又能在商场引起轰动效应，增加客流量。

第三，在商品及包装上请名人写字作画。如布娃娃在美国原售价每个 20 美元，而“椰菜娃娃”设计者亲手签名的布娃娃售价曾高达 300 美元，这种“椰菜娃娃”在美国曾一度供不应求。但是在邀请名人签字时也不宜过多过滥。有的书法家到处为店铺题名，无疑会在某种程度上失去名人签字的吸引力。

第四，请有关领导到商场，可吸引大批群众进店。领导的权威性无疑是巨大的，在很多百姓心里，领导认可的东西必定是货真价实的东西。

第五，在广告中邀请名人宣讲或表演，广告效果特别佳。名人一般都具有较高的知名度、相当的美誉度以及特定的人格魅力，邀其参与广告活动特别是直接代言产品，与其他广告形式相比，更具有吸引力、感染力、说服力、可信度，有助于引发受众的注意、兴趣和购买欲。

在选择名人进行宣传的时候，不能盲目追求大牌明星，一定要选择与宣传内容相符的明星，因为名人的类型与所带来的名人效应有着莫大的关联。譬如，让一位歌星去学校代言，起初可能会有不少人慕名而去，但时间一长，名人效应就会慢慢减弱。如果由一位在教育界非常有名气的学者来为学校做宣传，带来的名人效应会长久存在。

第三章

盗梦空间：

未来是如何潜入你的梦中的

为什么有些梦境会在现实生活中再现

很多人偶尔都有过这样一种感觉，即面对第一次发生的事件，他会觉得好像在以前的梦里曾经出现过。

做梦是人的一种本能，是在人的睡眠中尤其是在快速眼动睡眠时期神经活动的结果。梦也是一种心理活动，是意识的一个层面活动的结果。

梦境是在大脑皮层少数细胞活动的情况下发生的。如果少数细胞的活动失去了觉醒状态时的整个大脑皮层的控制和调节，记忆中某些片段就不受约束地复活，那么人就会产生千奇百怪的梦。如果在睡眠中少数处于兴奋状态的细胞是大脑皮层某些与语言或运动有关的神经细胞，那么，就会出现说梦话、梦游等现象。

从心理学角度来说，梦是睡眠期中某一阶段的意识状态下所产生的一种自发性的心理活动。梦在一定程度上具有预示未来的作用，此外还有守护睡眠、调节心理、启迪灵感、增强记忆等作用。

1988 年 8 月 28 日，萨姆森在波士顿一家报社值班，当晚他做了一个梦，梦见南洋爪哇岛附近的一个小岛火山爆发，当地居民被熔岩埋没，接着又发生了海啸，好几艘巨轮颠覆沉没。萨姆森醒来，回想刚才的梦境，觉得这是一个很有趣的题材，便把梦中见到的一切写成了文章。

早上，他把稿子放在办公桌上就回家休息了。不一会儿，主编来上班，一眼瞧见萨姆森办公室桌上的稿子，误以为是昨夜发生的重大事件的新闻稿，匆匆拿去发稿了，事后才知道，这篇稿子是萨姆森根据自己梦见的内容写出的趣味读物。

但是，为时已晚，报纸已经发到市民手中了，社会上引起一场轩然大波。报社社长赶紧召集各部门负责人举行碰头会，磋商善后事宜，决定在报纸上就此事公开道歉。

恰在此时，消息传来，爪哇岛附近的小岛火山爆发，情形与萨姆森所梦见的完全相同。与此同时，位于爪哇岛和苏门答腊岛之间的克拉卡托岛的火山也爆发了，并引发了海啸，给当地居民带来了严重的灾难。

类似这样的事情，在我们的生活中也时有发生。最初这种尚未得到解释的熟悉感被称为记忆错觉，并成为心理学家和精神病学家们热烈争论的一个话题。其中有一种理论认为，记忆错觉反映了某一片段的影响，而这一片段虽然因当前情境的作用而被激活，却不能加以外显的回忆。

假设我们在和某一同事的谈话过程中，突然觉得以前曾和某人谈过这一话题，但又想不起来那次谈话的情景，那么这很可能是因为谈话过程中的某一术语或观念，激活了你对前一次谈话的某些方面的内隐记忆。

所谓的内隐记忆是指当人们受到某一过去经验的影响时，未完全意识到他们是在进行回忆。内隐记忆在我们日常生活中所起的作用可能比我们任何人想象的都大得多。

心理学家们在许多条件下，使用不同的材料和方法，对正常人进行了大量的实验研究。研究者们发现，人们有时候没有意识到自己某方面的记忆，却表现出了记忆效果。这不是大脑有意识参与的记忆，而是人们没有觉察到自己拥有这种记忆，也没有下意识地提取这种记忆，但它却在特定任务的操作中表现出来，这就是内隐记忆。

人们之所以觉得眼前的场面曾在梦里出现过，是因为内隐记忆在人的睡眠中发生了作用。当人在睡眠时大脑神经细胞受到广泛抑制，然而这个抑制过程有时完全，有时不完全。不完全过程中，大脑皮层的某些神经还处于兴奋状态，从而产生梦。

做梦其实是灵魂在旅行吗

梦，千奇百怪，令人困惑。梦又是人人都熟悉，都曾经历过的一种现象，许多人对梦境的扑朔迷离、千变万化感到莫名其妙。在这里，我们可以看看现代心理学是如何对千奇百怪的梦做出解释的。

一提起梦，人们自然会联想到睡眠。要想阐释梦境的起因，也必须从睡眠说起。我们知道，人人都需要睡眠，从某种意义上说，睡眠比吃饭更重要。生理实验证明，如果不让狗吃东西，它还能活一个月左右，如果不让它睡眠，它则最多只能活 10—12 天。

睡眠之所以重要，是因为睡眠是人体借以维持正常生命活动的自然休息。睡眠能使大脑皮层的细胞免于衰竭和破坏，使神经组织在觉醒时的消耗得到恢复和休整。

提起睡眠，人们自然会想到梦，人在睡眠中常常会做梦。世界上没有不做梦的人，而且每个人做梦的时间还很长，成年人做梦的时间要占整个睡眠时间的 1/4，婴儿可达 1/2。人在梦中会碰到许多奇怪的景象，因而使梦染上了十分神秘的色彩。有的人认为梦是“灵魂”的旅行，“灵魂”回来时若迷了路，人就会因此死去。

科学研究指出，人在睡眠时，大脑皮层产生一种弥漫性抑制，如果抑制扩散到大脑两半球皮层各个区域，人就处于熟睡状态；如果抑制不平衡，皮层上有些区点的神经细胞抑制不深或没有抑制而处于微弱的兴奋状态，这些兴奋点的奇特组合就会导致梦的产生。

一般，正常的梦不仅不会影响人的睡眠，还能维持人的所必需的正常心理活动。如果剥夺个人的快速眼动睡眠（亦即做梦），就是说每当出现快速眼动时就叫醒他的

话，那就会出现睡眠不足和要求补偿的现象，甚至还会直接影响记忆。这一事实充分说明，快速眼动睡眠是人的生理及心理需要。有些人总以为做梦会影响脑的休息，其实事实并非如此。

都说，日有所思，夜有所梦。白天反复思索的问题，夜里做梦时便很有可能梦到。另外，睡眠时机体所受的内外刺激也有可能成为致梦原因。如在冷屋里睡觉的人，偶然双脚外露，会梦见自己在刺骨的冰水中行走；空腹睡觉的人会梦见自己到处找东西吃；双手放在胸口时，会梦见打架时被别人压住身体不能动弹，等等。

有些梦看上去似乎有预言的含义，事实上，这些梦仍然是人脑对客观现实的反映，只不过这种反映是在睡眠中进行而已。人的某些生理变化或心理变化，在人觉醒时，往往被其他强烈的刺激所掩盖，而在睡眠时，这些变化可能显现出来，构成人的梦境。

另外，对于某些外界信息，人在觉醒时可能不大在意，夜晚时，这些信息便很可能进入人的梦中。比如白天看到几个不三不四的人在自己家周围转悠，并未在意。夜晚做梦时便可能会梦见自家被盗：果不其然，过了几天自家便被洗劫一空。自然，这也不是什么预兆。只不过事情过后，人们记忆起致梦的原因，只记住了梦的内容，反而觉得梦成了预兆。所以从根本上说，虚无缥缈的预言梦是存在的。

总之，人需要睡眠，也需要做梦，梦和睡眠对人都是必不可少的。

为什么有些梦很清晰，有些梦醒了就忘记

梦对人们来说，总是奇妙而让人摸不着头脑的。有时早上醒来，你会伸个懒腰说：“啊，昨晚又做梦了。”有时，你也会说：“昨晚一个梦也没做。”如果做梦了，梦里的内容肯定是丰富多彩的。有时，梦中的情节会有个完整的结局，有时却会梦到莫名其妙、难以理解的现象或事情。有时，多年不见的朋友会突然出现在梦中。当我们醒来时，有些梦我们记得很清楚，甚至连细节都能回忆起来，而有的梦只剩下支离破碎的片段，甚至完全模糊不清。为什么会出现这些情况呢?

梦者觉得梦见许多事情，却记得很少，这可能具有其他的意义。譬如，梦的运作一整晚都在工作，但只留下了一个短梦。无疑地，时间愈久，我们忘掉的梦的内容也就更多；有时虽然费尽心思也无法将它们记起来。

精神分析学家弗洛伊德认为，人会把愿望埋藏在内心深处。处于清醒状态时，意识会抑制愿望。而当人入睡后，意识的控制就放松了，内心深处的愿望会影像化，于是便形成了梦。人进入睡眠状态后，虽然意识的控制放松了，但并非完全失去控制。当梦中的内容过度刺激意识时，这些内容会被埋藏进内心深处。这就是我们醒来后回忆不起来的梦。实际上，我们每天都会做梦。说没有做梦，其实是想不起来了。一个人平均每天要做四五个梦，照这么计算每年大约要做 1300 个梦，而一辈子大约要做 10 万个梦。

一般情况下，人在睡眠中大脑的语言中枢和运动中枢处于抑

制状态。如果在睡眠中脑皮质的语言中枢兴奋，就会在梦中出现各种无意识的动作，人的大脑好像一台十分精密的计算机，一瞬间可运算上千万次，这就是在较短时间里能做内容很长的梦的原因。做梦的快波睡眠又称“有梦睡眠”，平均一次持续 20 分钟左右；不做梦的慢波睡眠，又叫“无梦睡眠”，大约持续 90 分钟。这两种睡眠状态在一夜之中交替出现五六次，所以人一天最多只能做五六次的梦，总的做梦时间不会超过 2 小时，而且每个梦的持续时间不会很长。当人们醒来时，所能回忆起来的梦，只不过是最后一次“有梦睡眠”中的部分内容。一个很长的梦，实际上所花的时间很短。科学家总的认为，梦的内容是受个人动机、思维、记忆和性格的影响，它与人的性别、年龄、心理活动、工作和生活经历、身体状况及自然环境等因素有关。人在睡眠时，有两种状态交替出现，一种是脑和身体都休息的状态，另外一种是脑清醒但身体休息的状态。人主要在脑清醒的睡眠状态下做梦（但最近的科学研究发现，在脑休息的状态下，人也会做梦）。人是非常贪图安逸的，那些对自己不好的事情，我们会主动忘记。这叫作自我保护。也就是说，从不做梦的人，也可以说他们天天都在做噩梦，只是醒来后都不记得罢了。

晚上睡觉时，如果做了梦，一般当时都觉察不到。只有到第二天早上醒来时，才会意识到。不过，有时我们在做梦时也能意识到自己是在做梦，这就叫作“清晰梦”。为什么会出现这种现象呢？科学家称，人在睡眠时，如果大脑中掌管语言和运动的部分处于半清醒的状态，就会做“清晰梦”。科学家还说，经常做

“清晰梦”的人非常少。不过，如果普通人进行正确的训练，也能做“清晰梦”。

“清晰梦”有一个很厉害的地方，那就是人在梦中可以控制故事情节的发展，可以做自己喜欢做的事，可以满足现实中无法实现的愿望。如果真是这样，我们可以通过做“清晰梦”将表层意识中一直惦记的愿望在梦中实现。有研究人员采访了很多做过“清晰梦”的人，他们都感觉在梦中实现愿望可以得到幸福感和满足感。

那么，如何训练才能做“清晰梦”呢？首先，平时多给自己做心理暗示，对自己说：“做梦时，能意识到自己在做梦。”其次，像写日记一样，把梦的内容记下来。梦的神奇不是简单可以解释的，所以可以参考一些分析梦的书籍来剖析一下自己的梦境，这其中的乐趣也是无穷的。

人们为什么喜欢做白日梦

在经济状况紧张的时候，看到别人买爱马仕，你也想跟着买，周围的朋友会说你在“做白日梦”！现实生活中，大白天的，有些人往往会想些异想天开的美事儿，还忍不住在自个心里偷着乐，我们把这种没有依据的、一厢情愿的行为叫作“做白日梦”。但大白天里想想美事，总会让人其乐无穷。比如，你刚发表完一个演讲，正陶醉在暴风雨般的掌声中；或者，你和前夫共进晚餐，许多年前，他抛弃了你，现在却失魂落魄，祈求你与他复合……

这种情景在生活中司空见惯：清醒，却又心不在焉，因为你正在做着白日梦。

有一位律师，在参加律师资格考试的前一天中午去超市购物。因为没有零钱，收银员就找给他两张当天晚上出号的足彩奖券。他把奖券随手塞进口袋里，回到办公室却无法像往常一样工作。他的眼睛盯在文件上，脑子里却是另一番景象：自己真的中了大奖，并筹划着使用这笔巨款的每一个步骤，内心充满了欣喜与激动……这种景象反复出现，甚至让他怀疑，还有没有必要为第二天的考试做准备。

白日梦既可以让人心情变得愉悦，也会让人变得沮丧或感到恐惧。这取决于我们的情绪和环境。据估计，只有3%的白日梦会令人焦虑不安，比如遭遇一场恐怖袭击，或是丢掉工作。但是，更多的时候，人们的白日梦往往想的都是好事。

通常，人们都认为做白日梦是痴心妄想，是浪费时间，而心理学家却并不这样认为。研究发现，白日梦是一扇通向创造力的大门，能帮助我们解决难题，甚至帮助我们开发潜能。

日本著名心理学家河合隼雄曾对作家村上春树说："正是有些人不能再讲故事，所以他们就有了心理问题。"故事的本质就是某种白日梦。白日梦是一个非常重要的临床心理治疗主题，也是心理健康的一个重要基础。白日梦包含了一个人对于生命和生活的幻想，虽然不现实，却提供了许多可能性。所以，不要对自己的白日梦感到过多不安。在阳光明媚的街头小店，喝着咖啡，任由心灵在幻想的天空无拘无束地翱翔，不但有趣，而且有益身心健康。

白日梦可以帮助我们提前规划生活，提醒我们将要发生的事，帮助我们熟悉新的环境，给未来作计划，审视过去的经验，让人们从中学到有益的东西。即使是负面的事件，也不会产生太大的消极影响。

英国心理学教授克利夫·阿纳尔说："白日梦中经历的虚构的负面事件，并不会让我们产生忧虑，反而可以帮我们渡过难关，检验一下如何能做得更好，带来更多的可能性。"

当然，白日梦其实是一种自我的体验和满足，是对自我心理的一种宣泄和解脱。它可以帮我们缓解紧张的情绪，让自己的思想放松下来，因此，它可以说是我们自身的一种心理防御机能。有时候，白日梦本身就会产生治疗的效果。做梦者可以通过想象改变自己的心情，让自己开心。重温那些能给我们带来安全感和愉悦感的白日梦，可以帮助我们应付现实生活中难以克服的局面。但是，如果过于沉迷在消极的白日梦中，对解决情绪问题反而更加不利。

在面对压力、挫败时，我们会做逃避式的白日梦，它能让我们转向另一个世界，一个理想化的情境，使自己得到些许的满足和安慰。因此，它也是一种有益的自我交流方式，有利于化解不良情绪，促进心理健康，而且在一定程度上还可以激发创造力，帮助我们解决难题。

白日梦原来有这么大作用，那真应该多做做白日梦。其实白日梦是可以训练的，你可以试试下面的方法：

顺畅地呼吸，不必刻意地去想或者不去想，此时脑中出现的任何想象、念头，都让它像一朵云那样自然地聚来与散去。

听一些节奏舒缓的轻音乐，或者干脆用耳塞轻轻堵住双耳，什么也不听。

轻轻按摩头部、面部，尤其是眼睛四周与太阳穴。

另外，如果通过想象一个积极的场面，我们还能够提升自信心，表现得更加优异；而通过仔细思量消极的事件，我们可以改变未来的行为。

为什么许多人会梦到自己考试

做梦考试，是很多学生都经历过的一件痛苦的事。这种情况，很多时候是由于我们在现实中碰到了考验，而这种考验唤起了我们内心深处的焦虑。

“最近，常常做一个噩梦。虽然醒来后知道这只是一场梦，但做梦时的痛苦感受还是清晰地留在记忆里。太难受了！”

一位大学生在论坛里发帖子，讲述他的遭遇。“梦中的情景，是大学时遇到的一个难关。当时对我来说，要解决几乎不可能，除非出现奇迹。但是，如果不解决，我的大学就白读了，我就完蛋了。然而，经过两年多的努力，我成功地解决了这个问题，还创造了学校历史上一个经典的案例。虽然问题解决了，但它却经常出现在我的梦中，每次梦到这一情境，我都会重新体会到当时极其无助和惶恐的感受，于是每次都是一个噩梦。最近几年，不知道梦到了它多少次。”

在这位大学生的帖子后面，跟帖谈的都是自己高中时的考试焦虑。

考试梦一般有两层含义：“超我”的惩罚、“本我”的鼓励，有时还会有道德的考验。“超我”的惩罚：“超我”是规则层面的力量，“本我”渴望为所欲为，“超我”控制“本我”，“自我”协调“超我”和“本我”。不管什么原因，只要“超我”强大的人，就很容易在面临考验时感到焦虑。但是，这种焦虑并不仅是生存性的，也带有惩罚性。

小时候我们担心通不过父母要求的那一关，高中则变成担心通不过高考这一关。高考最重要，也最煎熬。尽管以后我们走入社会，面临着其他各种各样的考验，但高中的考试焦虑仍然是我们所体验过的最强烈的焦虑。由此，不难理解，当上述大学生说出自己的噩梦后，其他人回帖时，谈得最多的就是高中时的考试焦虑。

强大的“超我”所引起的焦虑和惩罚，是考试梦很明显的含义。不过，这还不是考试梦最关键的信息。最关键的信息其实是“本

我”的鼓励，或者说是“本我”对“超我”的反抗。做考试梦的人，尽管在梦中没有通过考试，但现实生活中，他却已经通过了这些考试。也就是说，他经过艰苦努力后，是通过了考验的。所以，当再次面临考验时，我们也就会梦到曾经面临过的标志性的考试事件。

道德，是典型的“超我”层面的内容，而所谓的为所欲为，则是典型的“本我”层面的内容。道德感很强的人，也即“超我”很强的人，在渴望顺从源自“本我”的愿望时，势必会引发“超我”和“本我”之间的强烈冲突。“本我”的强大很重要，因为它是我们的人格力量的源泉。一个“超我”太过于强大的人，我们会觉得这个人没有魅力、没有意思，而一个“本我”强大的人，尽管他看上去可能令我们不快，但我们很容易被他吸引。

然而，如果我们强行走向与“超我”相反的方向，则势必会更强烈地引发“本我”和“超我”的激烈冲突。这样一来，考试梦可能会出现得更频繁。

梦中的记忆是可靠的吗

人们都可能有过这样的经历：梦到一组中奖彩票号码，立马按照记忆中的数字去买彩票，却没有中奖；碰到熟人忘记名字；忘记买东西就回家……

狄先生遇到过这样一件事情，他和妻子在描述共同目睹的事情时，发生了严重的分歧。那是一年夏天，狄先生和妻子从朋友家吃过晚饭后驾车回家。狄先生开着车，他的妻子坐在副驾驶的位置上。在一个十字路口，他们停下来等待绿灯。这时，狄先生的妻子看到右手边一个男人骑着自行车，前进方向与他们相同。这时，突然不知道从哪里窜出另一个人，上前把骑自行车的男人从自行车上拽了下来，然后用一把小刀猛刺。狄先生的妻子听到了一声声惨叫，她马上拿起了自己的手机，拨通了110，但是电话占线，需要等待。

当110打通之后，已经是一分钟以后的事情了，凶手早已经逃之夭夭。这时，交通信号灯变成了绿灯，狄先生继续开车，他的妻子在电话里描述刚刚发生的一切。受害人是一个二三十岁的男人，他在遇袭时骑着自行车，凶手则穿着一条牛仔裤。然而，狄先生却与他的妻子发生了争执，因为他们对凶手的身高、衣服的样式等特征的描述产生了严重的分歧。很快，他们发现唯一能够统一的就是凶手是一个二十几岁的男人，作案凶器是一把小刀。其他方面，他们各执一词，使得警察感到有点儿无所适从。

两个人在同样的时间共同目睹了整件事情的发生，而后又经过同样的相隔时间来回忆，却有着不同的结果。

记忆真的没有想象的那么可靠。其实，我们对记忆的认识与记忆的真实工作情况存在巨大差别。实际上，人们的记忆信息并不是现实的复制品，每次回忆都是一个信息重新整合的过程，这个过程要受到个体主观意识的制约。

记忆信息可以永久地储存在人类的大脑中，而且这些信息是不会发生任何变化的。事实上，很多信息的确是被完好无损地储存在大脑内，但这并不能代表所有信息都以这种方式存储。人类大脑不会记录所有传入的视觉、听觉信息，这已经被很多心理学家所认可。他们认为至少有很多细节信息是没有经过大脑处理的，所以也就谈不上存储了。

同样，大脑中的潜意识会在人们睡眠的过程中，慢慢地释放出来。很多在清醒的时候被遗忘的事情，可能会出现在梦中。但是，潜意识中对某些事情的记忆可能只有部分，不能还原整个事件。因此，梦中的记忆更加不可靠。

在现实生活中，物体相对来说是比较固定的，不会连续地发生变化，人类大脑的认知系统不需要随时准备察觉这些变化。比变化视盲更糟的是错误的认识，人们认为自己可以发现所有的变化。

在日常生活中，认知系统不会给人们任何有关变化视盲的反馈信息，人们只能够意识到那些已经察觉到的变化，而对于没有察觉到的还是一无所知。这样，人们就逐渐形成了一种错误的认识：借助自己所拥有的敏锐观察力，除了那些微乎其微的变化，其他的变化都逃不出自己的双眼。

做梦也能让人产生巨大的恐惧吗

人类每天都要保证一定的睡眠，梦境可以改善睡眠和增进健康，但如果所做的梦正是导致失眠的原因，我们将如何对待？

噩梦通常发生在青春期前的儿童身上，当然，少数成人也经常做一些令人苦恼的梦。这种梦时间长、情节复杂，当事人通常被惊醒，噩梦还历历在目。

长期的压力、创伤及一些常见的冥思会引发噩梦。不过，更多时候，噩梦是由内心深藏的情感重负造成的。从这个角度来看，我们可以把梦理解为潜意识发出的催促，要我们注意内心的自我。虽然噩梦通常无害，但它们常把当事人吓醒。梦是人在睡眠过程中产生的一种正常现象。一般情况下，人在睡眠时大脑神经细胞都处于抑制状态，这个抑制过程有时比较完全，有时不够完全。如果没有完全处于抑制状态，大脑皮层还有少数区域的神经细胞处于兴奋状态，人就会出现梦境。由于少数细胞的活动失去了觉醒状态时的整个大脑皮层的控制和调节，记忆中某些片段不受约束地活跃起来，可能就表现出与正常心理活动不同的千奇百怪的梦。

要对抗噩梦里的恐惧，可以将梦展开，克服这种体验。要达到这一点，噩梦必须是“清晰的”。上床睡觉之前，静静地坐下，告诉自己你将全神贯注于你的梦。做梦时，尽量研究梦境里的物体、行为和场景。噩梦开始后，正视你的恐惧，问问你的恐惧为什么会出现在你的梦里。

冥想可以缓解做噩梦带来的后遗症，古代冥思中最重要的一点就是幻想术。在这一过程中，我们在心眼中看到的各种情景、物体、人或行为历历在目，幻想术就越是有效。幻想将我们的思想集中在具体的事物上而不是对睡眠的焦虑上。作为冥思的一种形式，幻想调节我们的呼吸，降低心率，促进放松。

幻想在改善睡眠中的最有效的功用是引发睡眠。如果我们在心中为自己创造了最佳的睡眠地方，当想入睡时，我们就会寻找这个地方。同样，当夜里醒来，我们再难入睡时，可以使用这一方法。

成功的睡前幻想在于提高你的观察力。吃饭时，既要饱口福又要饱眼福，注意所有盘中食物的颜色，细细体味各种滋味；关注有趣的标志物。

与冥想有共同作用的催眠术是将病人置于一种深度放松状态下，各主要器官功能暂时关闭，催眠师将积极的暗示信息输入病人的潜意识中，这些暗示在病人昏睡中和清醒后都对他们的感知和行为有一定影响。

第四章

禁果效应：为什么越是得不到，就越想得到

为什么越得不到的东西，就越想得到

无法知晓的事物，比能接触到的事物更有诱惑力，也更能强化人们渴望接近和了解的诉求，这是人们的好奇心和逆反心理在作怪。

古希腊神话中的普罗米修斯盗天火给人间后，主神宙斯为惩罚人类，想出了一个办法：他命令以美貌著称的火神赫菲斯托斯遣了一个美丽的少女，让神使赫耳墨斯赠给她能够迷惑人心的语言技能，再让爱情女神赋予她无限的魅力。她被取名为潘多拉，在古希腊语中，“潘”是“一切”的意思，“多拉”是“礼物”的意思，她是一个被赐予一切礼物的女人。

宙斯把潘多拉许配给普罗米修斯的弟弟耶比米修斯为妻，并给潘多拉一个密封的盒子，并叮嘱她绝对不能打开。

然后，潘多拉来到人间。起初她还能记着宙斯的告诫，不打开盒子，但过了一段时间之后，潘多拉越发地想要知道盒子里面究竟装的是什么？在强烈的好奇心驱使下，她终于忍不住打开了那个盒子。于是，藏在里面的一大堆灾害立刻飞了出来。从此，各种疾病和灾难就悄然降临世间。

宙斯用潘多拉无法压抑的好奇心成功地借潘多拉之手惩罚了人类。这就是所谓的“潘多拉效应”，即指由于被禁止而激发起欲望，导致出现“小禁不为，愈禁愈为”的现象。通俗地说，就是对越是得不到的东西，就越想得到；越是不好接触的东西，就越觉得有诱惑力；越是不让知道的东西，就越想知道。

心理学家普遍认为，好奇心是求新求异的内部动因，它一方面来源于思维上的敏感，另一方面来源于对所从事事业的至爱和专注。而逆反心理是客观环境与主体需要不相符合时产生的一种心理活动。逆反心理具有强烈的情绪色彩。形成逆反心理的原因比较复杂，既有生理发展的内在因素，又有社会环境的外在因素。一般地说，产生逆反心理要具备强烈的好奇心、企图标新立异或有特异的生活经历等条件。

“潘多拉效应”在现实生活中是普遍存在的。例如，收音机里播放的评书节目，每次都在最扣人心弦的地方停下，留下悬念，以使听众在第二天继续收听。再如，电视连续剧往往在剧情的关键处突然插播广告，这种做法除了能提高广告的收视率，更能吊足观众的胃口。

知道了这点，我们就可以变得更“聪明”一些：如果有人故意吊我们的胃口，我们要保持冷静、不为所动，避免受“潘多拉

效应”的影响。例如，捂紧钱包，不被商家的“饥饿营销法”蛊惑。但是，如果对方是善意的，故意卖关子是为了给你一个惊喜，那么，你就要积极“配合”，否则会很扫兴的。

其实，在日常生活和工作中，我们除了被动地受“潘多拉效应”的影响，还可以主动地运用“潘多拉效应”来达到自己的目的，或是避开“潘多拉效应”，以免出现事与愿违的结果。

日本小提琴教育家铃木曾经创造过一种名为“饥饿教育”的教学法。他禁止初次到自己这里学琴的儿童拉琴，只允许他们在旁边观看其他孩子演奏，把他们学琴的兴趣极力地调动起来后，铃木才允许他们拉一两次空弦。这种教学法使得孩子们学琴的热情高涨，努力程度大增，进步也就非常迅速。

“潘多拉效应”在我们的生活中普遍存在，了解其原理后，可以带给我们更多的启示。

购物动机来自内心满足感的获得

我们做任何事情都需要有一个动机，比如，吃饭可能是因为你有了饥饿感。我们真心想要做一件事情的时候，是不会没有任何理由的。

对于我们来说，购物行为是经常发生的。那么，我们是否有想过人们为什么会购买物品？通常来说，购物动机的类型一般有以下几种：

需要型。这是因需要产生的动机。人的需要有多个层次，可以从不同角度加以分类。

求实型。这类动机的特征是“实惠”“实用”。在选购商品时，这类顾客会特别注重商品的质量、性能等实用价值，不过分强调商品的款式、造型、颜色等，几乎不考虑商品的品牌等非实用价值的因素。

社会型。这是由人们所处的社会条件、经济条件和文化条件等因素而产生的动机。顾客的民族、职业、文化程度、支付能力等，都会引起其不同的购买动机。

惠顾型。这是基于情感或经验产生的动机。顾客对特定的服装及服务产生特殊的信任和爱好，使他们重复地、习惯地消费。

求美型。这是以追求美感为出发点的购买动机。这类顾客在选购商品时，首先注重的是款式、造型、颜色和外观美。

求廉型。这是注重价格的购买动机。

求名型。这类动机的特征是以品牌为出发点。这样的顾客在购买时几乎不考虑商品的价格、质量和售后服务，只是想通过购买名牌商品来显示自己的身份、地位，从中获得一种心理上的满足。

人们做某件事情或采取某种行动的最基本的内在动机，归根结底就是满足其内心的某种满足感。如果他所从事的这件事情，或者他采取的这种行动，不能给行动主体带来一定的满足感、愉悦感，就会使其感到厌烦、无聊，甚至觉得受到束缚，或感到痛苦。试想，有谁面对自己从内心就感到讨厌的事情，依然会充满激情地去做呢？无法获得内心的满足，就无法激发自身的动机，不想去做，或者即使做也是在敷衍、应付，这样怎么可能做好？

有一个烟瘾很大的人，一直都想戒烟，但是不管使用什么方法，都不能起到很好的效果。总是过一段时间以后，他就不能够控制，又开始吸。很多时候，当再想吸烟时，他就会给自己找出若干的理由，说服自己没有必要这么折磨自己。结果戒烟戒了一年多，却没有一点效果。他的亲戚朋友对他也是苦口婆心地劝说，但最终还是无可奈何。

最后在一位心理学家的帮助下，这个人居然把烟给戒了。这位心理学家到底使用了什么方法呢？其实方法很简单，心理学家只给他看了两张照片，一张是不吸烟的健康人的肺，一张是因为吸烟而患有肺癌的人的肺。看着被厚厚的焦油覆盖和损坏的肺，有严重烟瘾的人被震撼了，他什么也没有说就离开了。从此以后，他再也没有吸过烟。吸烟这种不健康的行为，让他发自内心地感到厌恶，于是产生了强烈的戒烟动机。

因此，我们可以通过改变某种行为本身的意义，达到改变人们行为方式的目的。从理论上说，这是行得通的。当某种原本令人厌恶的行为，会给人带来某种满意的体验时，人们就会接受它；当某种原本会给人带来快感的行为，会对人造成某种伤害时，人们就会摒弃它。这就是内心满足感对人们的行为动机的激发作用。

所以对于我们很多人，尤其是从事销售行业的人来说，想要调动顾客购买的积极性，就要想方设法引起他内心的满足感，让他从购买你的商品中获得实惠，获得利益，获得好处，从而产生强烈的购买动机，掏钱购买你的产品。总之，销售工作不是销售人员的独角戏，你不仅要有工作热情，还要善于引导顾客，让顾客产生强烈的购买动机，让顾客主动购买。否则不管你的商品有多好，你要是硬塞给顾客，顾客无论如何是不会接受的。

占便宜心理和无功不受禄心理

打折促销之所以具有巨大的杀伤力，就在于它满足了消费者的“占便宜”心理。推销人群中也流传着这样一句话：顾客要的不是便宜，而是要感到占了便宜。顾客有了占便宜的感觉，就容易接受你推销的产品。

消费者在购物过程中，对所需商品有不同的要求，会出现不同的心理活动。用尽可能少的经济付出求得尽可能多的回报，这种消费心理活动支配着大多数人的购买行为。而顾客占便宜的心理也给了商家可乘之机。

怎么做才能让顾客觉得占了便宜呢？你可以去看看商场中最畅销的产品，它们通常不是知名度最高的名牌，也不是价格最低的商品，而是那些促销“周周变、天天有”的商品。促销的本质就是让顾客有一种占便宜的感觉。一旦某种以前很贵的商品开始促销，人们就觉得买了实惠。虽然每个顾客都有占便宜的心理，但是又都有一种“无功不受禄”的心理，所以精明的销售人员总是能利用人们的这两种心理，在未做生意或者生意刚刚开始的时候拉拢一下顾客，如送顾客一些精致的礼物，以此来提高双方合作的可能性。

贪便宜是人们常见的一种心理。例如，某某超市打折了，某某厂家促销了，某某商店甩卖了，人们只要一听到这样的消息，就会争先恐后地向这些地方聚集，以便买到便宜的东西。

物美价廉永远是大多数顾客追求的目标，很少听见有人说“我就是喜欢花多倍的钱买同样的东西”，人们总是希望用最少的钱买最好的东西。这就是人们占便宜心理的一种表现。

另外，销售人员在推销自己产品的时候，可以利用顾客占便宜的心理，使用价格的悬殊对比来促进销售。其实在很多世界顶尖的销售人员的成功法则中，利用价格的悬殊对比来俘获顾客的心是常用的一种方法。你可以先在顾客的心里设置一个较高的价位，或者在对方心里设置一个价格悬念，然后再以一个比原来低得多的价格做比较，让顾客通过比较，感觉有便宜可占，于是做出购买决定。利用价格悬殊来诱导顾客购买产品时，要掌握好分寸，避免方式过激给顾客被骗的感觉。同时，优惠政策是你抓住顾客心理的一种有效推销方式。大多数顾客只看你给出的优惠是多少，然后和你的竞争对手做比较，如果你没有让顾客觉得得到优惠，顾客可能就会离你而去。所以，你不仅要保证商品的质量，还要注意满足顾客这种想要优惠的心理需求。有些顾客在面对打折产品时，会因为产品对自己来说可有可无而犹豫不决，但顾客的贪便宜心理会告诉自己：机不可失，时不再来，过了期限、商品恢复原价后就买不到了。从心理学上讲，顾客会在这种外界压力下产生强烈的心理不平衡，同样的产品，我现在买就能省好多钱，以后再买多不值啊。于是在这种焦虑下，顾客就会积极行动，强迫自己在规定的时间内完成购买任务。所以说，商家所规定的优惠时限会给顾客制造一定的购买压力。

但是，优惠不过是一种手段，说到底是用一些小利益换来回报，不然商场里也不可能经常有“买就送”“大酬宾”等活动。当然，在优惠的同时，你还要传达给顾客一种信息：优惠并不是天天有，你很走运。这样，顾客才会更满足，才会更愿意与你合作。

即使你推销的产品在某方面有些不足，你也可以通过某些优惠让他们满意而归。如果顾客对你的产品提出意见，你千万不要直接否定顾客，要正视产品的缺点，然后用产品的优点来弥补这个缺点，这样顾客就会觉得心理平衡，同时加快自己的购买速度。比如顾客说：“你的产品质量不好。”作为销售人员的你可以这样告诉顾客：“产品确实有点小问题，所以我们才优惠处理。不过虽然是有问题，但我们可以确保产品不会影响使用效果，而且以这个价格买这种产品很实惠。”这样一来，你的保证和产品的价格优势就会促使顾客产生购买欲望。

总之，利用人们占便宜的心理，从中可以获得许多商机。

为什么我们“欲得寸”，就需要“先进尺”

心理学家认为，在提出自己真正的要求之前，先向对方提出一个大要求，遭到拒绝以后，再提出自己真正的要求，对方答应的可能性就会大大增加。这便是心理学上所说的“留面子效应”，

又被称作“欲得寸先进尺”。

有两家卖粥的小店，每天的顾客相差不多。然而晚上结账的时候，左边的那家小店总比右边的那家多出两三百块钱，天天如此。细心的人发现，先进右边粥店时，服务小姐微笑着迎上前，盛了一碗粥，问道：“加不加鸡蛋？”客人说加，于是小姐就给客人加了一个鸡蛋。每进来一个人，服务小姐都要问一句：“加不加鸡蛋？”有说加的，也有说不加的，各占一半。走进左边粥店，服务小姐也是微笑着迎上前，盛上一碗粥，问道：“加一个鸡蛋还是两个鸡蛋？”客人笑着说：“加一个。”再进来一个顾客，服务小姐又问一句：“加一个鸡蛋还是两个鸡蛋？”爱吃鸡蛋的说加两个，不爱吃的就说加一个，也有要求不加的，但是很少。一天下来，左边这个小店就总比右边那个卖出更多的鸡蛋。

心理学家认为，“留面子效应”的产生源于人们内心深处的内疚感。人们在拒绝别人的大要求时，感到自己没有能够帮助别人，辜负了别人对自己的期望，损害了自己富有同情心、乐于助人的形象，会感到非常内疚。这时，如果对方再次提出一个较小的要求，人们为了恢复在别人心目中的良好形象，也达到一种心理上的平衡，便会欣然接受。

美国心理学家查尔迪尼曾经进行过一项“导致顺从的互让过程”的研究实验。他将一批参加实验的大学生分为两个小组，首先，对第一个小组的实验者说，要他们花两年时间担任一个少年管教所的义务辅导员。这是一件劳神费力的工作，而且没有任何回报。结果，大学生们都以各种理由断然拒绝了。随后，他提出了另一个要求，让这些大学生带领少年们去动物园玩一次，需要耗时两个小时。结果有 50% 的大学生很爽快地答应下来。接下来，他向第二组大学生提出同样的要求时，却只有 16.7% 的人同意去动物园。

生活中，我们细心留意也能发现很多“留面子效应”的现象：你想要父母为你买数码相机，可以先提出要买一台电脑，父母以家中暂时紧张为由，拒绝了你，这时你再提出要买照相机，父母往往会考虑一番后答应你的要求；自己有一件棘手的事情需要朋友帮忙，先向对方提出了一个更大的要求，遭到拒绝后，再将真实的要求提出来，对方往往比较容易接受；上司需要将一项复杂的工作交给下属完成，可以假装让员工完成另一件更为艰巨的工作，当他面露难色的时候，再将这件工作交付给他，他便会愉快地接受任务。

在人际交往中，恰当地运用“留面子效应”，能及时地消除对方的不满情绪。“留面子效应”也经常被一些精明的商人运用，他们把物品标出很高的价格，然后来个“大甩卖”，很多消费者都兴高采烈地购买该商品。在商场，时常有这样的情形。其实，精明的商家无论最后给出了多大的折扣，都暗暗地运用了“留面子效应”，让顾客心甘情愿地消费。

同样，在一些服务性的行业中，采用巧妙的方法，能够化解顾客抱怨、不满的情绪。

在一架即将着陆的客机上，乘客们忽然听到话务员的通知："由于机场拥挤不堪，飞机暂时无法降落，着陆时间将推迟一小时。"顿时，机舱里响起了乘客们的抱怨声。他们不得不做好心理准备，在空中备受煎熬地等待一个小时。几分钟之后，话务员甜美的声音再度响起："旅客朋友们，晚点时间将缩短到半个小时。"听到这个消息，乘客们都欢喜雀跃。又过几分钟，乘客们再次听到广播："再过三分钟，本机即可着陆。"乘客们个个拍手称快，喜出望外。虽然飞机晚点了十几分钟，乘客们却感到格外的庆幸和满意。

当然，"留面子效应"是否会发生作用，关键在于双方关系的亲密程度以及你需求的合理程度。如果既无责任，又无义务，双方素昧平生，却想别人答应一些有损对方利益的事情，这时候该效应是无法发挥作用的。

为什么会出现哄抢事件

在物质丰富的当今社会里，满足了温饱之后，各地依然会出现哄抢食盐、哄抢药材等现象。人们为什么要哄抢？哄抢中，人们的心理发生了怎样的变化？

哄抢者往往把自己的行为归结到社会和他人身上。

当哄抢者在分析参与哄抢的原因时，总是喜欢说"随大流"和"法不责众"。这个过程在心理学上叫作"归因"，即归结行为的原因，“我为什么要做这件事情”。归因不仅是一个心理过程，也是人类的一种普遍需要。因而每一个人都可以被看成业余心理学家，每个人都有一套从其本身经验归纳出来的行为原因与其行为之间的联系的看法和观念。

从哄抢者个人角度来说，社会中的孤独的个人为了生存的需要，自然而然地会形成一种依赖群体的心理，在这种心理的影响下，就会产生一种被称为“群集欲”愿望。当个人具有严重不安感和挫折感时，更容易受到不良信息的暗示。因此，单个的个人不仅会以一种本能心态加入各种社会团体，而且很容易产生一种参加到聚集的群众中的意愿，与聚集的人群共同行动。

从众心理是人类的一个思维定式，是在群体压力下在认知、判断、信念与行为等方面与群体中多数人保持一致的现象。

从众行为有时虽然不是按照个体本意作出的，却是个体的自愿行为。内心具有安全感的个人一般不至于参加聚众而共同实施行为，只有那些具有严重不安感和挫折感的个人，才有这样的欲望，其目的就在于想在聚集的人群中寻求某种安全感和发泄心中的挫折感。

由于多数个人在聚众之中产生交互作用的关系，聚众后所体验的不安感与挫折感比单独的个人所体验的要大得多。在这种情况下，当有人向这种具有严重不安感和挫折感的个人提出某种指示时，他们最容易接受，并且把这种指示变成自身的目标，表现出带有激进色彩的情绪波动。

哄抢事件其实还反映出更深刻的社会心理原因。

比如人们对生活的满意度与社会发展的现实并不一致，哄抢油的人并不缺油。整体来说，趋利避害是人类行为的基本原则，是人类普遍存在的心理。人们都本能地企图在交换中获取最大收益，减少代价，交换行为本身就变成了“得”与“失”的对照。如果收益与代价平衡，互动得以维持；相反，如二者不平衡则互动难以长期维持。

人们在衡量自身得与失之间的关系时，就形成了“满意度”。满意度的高低，跟现实中金钱名誉的得失并不一定是统一的，它更多的是一种自我体验。同样的处境，不同的人有不同的满意度。钱多的人不一定自我满意度高，穷人也有自己的幸福生活。也就是说，在日常生活中，人们并不是一直以物质作为交换的，也会顾及精神间的交换。

社会激烈变化和转型期间的特殊情况，对人们心理造成了巨大压力。当人们把所有问题的原因都归咎于社会和他人时，“趋利”心理就会让个体放大了不满意的自我体验，感到自己获取的利益少了，满意度开始下降。同时，个体在归因过程中，对有自我卷入的事情的解释，带有明显的自我价值保护倾向。“避害”心理让哄抢个体认为自己只是在捡撒落的人民币，对自己并不会有任何坏处。

因此，在明知一件事情是违法或犯罪的时候，一个人可能不会去做。但是，如果一群人中有人已经做了，并且在当时只能看到获益而没有产生相应后果的时候，人们就会产生非理性思维，最终“捡拾个体”组成了“哄抢群体”，造成了社会的不和谐。

哄抢中，人群体现出来对物质的过度追求的嫉妒、敌对心理，体现出个体缺乏自身修养的程度正在上升，这个状况是非常令人担忧的；哄抢后，人们对“法不责众”的自我保护心理，如果处理不当，会给其他人产生不良的模仿、暗示和社会感染，具有消极的意义。有专业人士指出，人们心理卫生健康状况是构建和谐社会的关键，哄抢事件引发的深思表明，对大众心理卫生健康辅导迫在眉睫。

巧用“从众心理”，扩大影响范围

如果你是一个善于观察自己的人，你会发现自己的内心深处常会有如下活动：无论做什么事情，只要有很多人支持你，你会有种安全感，进而大胆地去做；无论你说的观点正确与否，只要多数人同意你的观点，你便有胆量大声地说出来；无论你多么讨厌的人，如果周围的人都喜欢她，你也不会轻易地说出讨厌她的想法……告诉你，这种心理活动不仅你有，周围的人也都曾有过。

安阳在一个酒吧里做侍者。刚做侍者的时候，尽管他做得很用心，但是从没人给他小费。每次看到其他人获得小费时他都羡慕不已。他用尽自己的心思，想通过热情的问候、周到的服务赢得小费，但都没成功。

几个月后，安阳发现并不是他的服务不好，并发现了一个获得小费的秘密，即在每次酒吧正式开门营业之前，他先主动地在自己的托盘中放上几张钞票，这会让后面进来的顾客认为该钱是前面客人留给他的，还能使其认为，给小费是酒吧中应有的行为，这时每个他招待的顾客都会在结账时向盘子中放一些小费。

安阳能够有效地影响顾客，使其给自己小费，正是巧妙地利用了人们的从众心理。因为在特定的条件下，当受众没有足够或者准确的信息时，他们常常会通过模仿他人的行为来选择策略。从众行为可以有效地避免风险以及意外，因此人们宁愿随大流。

中国有句俗话：“一人胆小如鼠，二人气壮如牛，三人胆大包天。”这句话形象地说明了人们的从众心理。生活中的任何事情都是这样，不论好坏，只要有人敢做，其他人便会蜂拥而至。因为很多时候，当众人都参与到其中的时候，便会被少数人理解为是合情合理的行为，进而引发更多的人参与其中。譬如随意跨栏，随意横穿马路，随意践踏草坪，等等。

心理学家指出，当人们看到一种行为有很多人进行时，心理总会自觉或者不自觉地以多数人的意见为准则，并做出判断，进而采取与其相符的同一种行为。因为在多数情况下，众人都去做的事情往往是正确的，人们参与到这样的行为中可以使其获得更好的评价以及利益，甚至少走弯路、少犯错误，所以人们习惯性地受周围人做法的影响，也便不足为怪了。

木秀于林，风必摧之；独雁南飞，险必随之。与众不同是要承受很大心理压力的，人们正是畏惧这样的心理压力，所以，多数情况下会从众。而且，在特定的条件下，当受众没有足够或者准确的信息时，他们也常常会进行模仿他人的从众行为。追随者越强大，越容易对他人施加影响。

第五章

思路迷失：为什么我们能找到去月球的路，却迷失在大卖场

为什么目标细化后更易实现

1985 年，名不见经传的日本选手三田本一出人意料地在东京国际马拉松邀请赛脱颖而出，成为该比赛的冠军。两年后，他又在意大利国际马拉松邀请赛中获得世界冠军，他的胜利让很多人都感到匪夷所思，但没有人找到其中的答案。

10 年后，他在自己的自传中解答了这个问题：每次比赛开始之前，他都会乘车去仔细看一下比赛的线路，并且把比赛线路上的醒目的标志画下来。比如第一个标志是一家银行，第二个标志是一棵大树，第三个标志是一个小房子，直到比赛的终点，40 公里的比赛被他分解为几个小的目标。比赛开始以后，他会用最快的速度冲向第一个目标，接着用最快的速度冲向第二个目标。就这样，他轻松地赢得了整个比赛。其实，他之所以这样做与他之前的经历有很大的关系。起初，他并没有意识到这样做的好处，他把目标定在 40 公里外的重点上，结果没有跑到一半就已经疲惫不堪了。后来，他把目标定在赛道的一半的地方，但后来他发现这样做毫无用处。最后，他发现自己的小目标一定要是经过一定的努力就可以实现的，于是，他便重新规划了自己的比赛，这样，他在比赛中的表现开始有了翻天覆地的变化。

如果我们觉得自己的目标完成不了的时候，就需要把大目标分为若干个小目标，完成一个小目标之后再激励自己完成下一个小目标。最后，我们会发现离终点已经不远了。

所以，要想获得大的成功，就要修正自己的思维，学会分解目标，循序渐进。成功不是一蹴而就的事情，很多时候，我们都需要一个长远的目标来为自己指引方向，这样我们才能够在世事变化中始终坚持自己的方向，而不至于走弯路。

但是，相对而言，我们往往容易接受短期、具体的东西，而不容易接受那些远期模糊的东西。一个目标即使再远大，如果我们看不到摸不到，那么它于我们而言就只是一句空话。而且一个长远的目标的实现往往都需要花费较长的时间，而在短时间内努力的效果通常不是很明显，这样，人们的积极性就很容易受挫。

需要注意的是，如果我们想采用细化目标来解决问题，我们就要让分解的小目标既要有激励价值，又要现实可行。如果小目标依然很难实现，或者毫不费力就可以达到，那么这样的目标分解就毫无意义。在分解目标的时候一定要注意技巧。同时，将自己的每一步目标都控制在一个能预见和操纵的范围内，以便清晰明了地处理每一个问题。这样，上一个目标是下一个目标的前提，下一个目标将升华成上一个目标的结果，当我们实现了这一个个的小目标，大目标的实现将会是水到渠成的事情。

少数服从多数是必需的吗

我们常说“少数服从多数”，但事实上，真理往往掌握在少数人的手里，财富往往存在于少数人的手里，技术也往往掌握在少数人的手里。所以，我们在做事的时候，只要掌握了关键的部分，我们也就掌握了最大的财富、真理和力量。人的精力是有限的，我们要把大部分精力用于重要的事情中，而不要浪费在不必要的细枝末节上。这就是典型思维。

19 世纪末 20 世纪初意大利经济学家巴莱多在研究后发现，在任何一组东西中，最重要的往往只有 20%，剩下的 80% 是次要的。这说明，不平衡是一种常见的社会状态：比如，商家 80% 的销售额可能来自 20% 的商品；市场上 80% 的产品可能是由 20% 的企业生产的；企业 80% 的利润往往是由 20% 的顾客创造的；销售部门 80% 的业绩往往是由 20% 的推销员带回的等。

事实上，“二八”法则在金融行业也是通用的：80% 的财富和利润往往来自那 20% 的高端顾客，自然而然地，他们也应该成为金融业重点服务的对象。当然，我们不否认顾客与顾客之间是平等的，每一个顾客都是上帝，但这并不意味着商家就要认为所有顾客一样重要，就要在所有生意、每一种产品上都付出相同的努力。人的精力是有限的，企业的精力也是有限的，如果把所有精力平均分配给每一个人，最终将捡了芝麻丢了西瓜，得不偿失。相反，如果将有限的精力和资源放在那些重要顾客身上，所取得的成绩将会是可喜的。

“二八”法则告诉我们，做事的时候不能“胡子眉毛一把抓”，要抓住关键的少数环节，对于那些不能带给我们收益的事情要坚决放弃，这样才能最大限度地降低成本，在最短的时间里，收到最大的效果，谋求更大的收益。

一块隔热板毁了“哥伦比亚”号

宏微对比思维法，指的是在做事时对宏观上几乎完全一样的事物进行微观差异的对比，找出其不同性质的一种思维法。

比如“天天”与“日日”两个词的意义是一样的，但从细节上说两者还是有区别的，“天天”是平声词，读来给人一种高昂上扬的感觉，而“日日”为仄声词，会给人一种压抑的感觉。常用宏微对比法分析问题，人们就会养成细致踏实的好习惯，从最细微之处把事情做到完美。

2003 年 2 月 1 日，美国“哥伦比亚”号航天飞机返回地球准备降落时不幸坠毁。后来查明事故原因是航天飞机在发射升空时，发射架上一块脱落的泡沫撞击了飞机表面的隔热板。这一细节被当时监控发射的有关人员发现，却没有引起他们的重视。因为他们根本想不到这会成为日后灾难的隐患。

耗费大量人力、财力和时间建造起来的“哥伦比亚”号飞船，却因为一个小小隔热板而坠毁并造成难以估量的损失。在我们的日常生活与工作中，类似的错误常常上演。比如，很多年轻人认为自己就是“千里马”，具有干大事的能力，不乐意做无关紧要的事情，于是，就抱着应付、敷衍了事的态度，去对待自己的工作。最后，“千里马”常常被绊倒在一件小事上。下面的例子就是一个很好的警示。

小乔就读于一所名牌大学，毕业后以优异的成绩考入一家省级机关。当时她豪情万丈，不料上班以后，她才发现每天的工作无非是干些琐碎的事务，她的热情便在不知不觉中冷却下来。一次，为了准备一个很重要的大会，办公室的同事彻夜准备文件，而她的工作就是装订和封套。上司叮嘱她：“一定要做好准备，别到时措手不及。”小乔心想：初中生也会的事，还用得着这样嘱咐？于是根本没理会。

夜里 12 点多，文件终于完成并交到她手里。她开始装订，没想到只订了十几份，订书机里就没有书钉了。她记得抽屉里一直都有很多，就漫不经心拉开抽屉，可是翻遍了抽屉也只找到了几个空盒子，一个书钉都没有。她又翻箱倒柜忙了半天也一无所获。这可怎么办？出去买的话，半夜三更的哪里还有商店开门，等到明天吧，文件又必须在明早 8 点大会召开之前发到代表手中。于是上司冲着她大发雷霆：“不是叫你做好准备的吗？连这点儿小事也做不好！”她无言以对，脸上却像挨了一巴掌似的滚烫刺痛。

高才生小乔并不是没有能力做好装订的工作，真正的问题是她的疏忽与轻视。同样地，在日常生活中，我们常常忽视一些细小的地方，认为它无关紧要，但事实上，细节往往决定成败。细节就是竞争力，能够做好细节的人往往能在竞争中脱颖而出。相反，如果忽略了细节，必然会遭受不同程度的影响或损失。

所以，永远不要因为事小而不为或者应付差事。小破绽往往会导致重大的失败，不肯在细节上下功夫的人也往往成就不了大事。只有在把握宏观的情况下做好细节，才能少走弯路，少出纰漏，最终稳操胜券，让自己成为真正的千里马。

一番好意为何导致分手

推己及人，是指用自己的心意去推想别人的心意，设身处地替别人着想。这是类似思维的一种体现。在为人处世中，我们都提倡推己及人。但是推己及人也要顾及别人的感受，如果只是自己一厢情愿，就可能出现问题，导致好心办了坏事。

丁丁最近刚刚交了一个男朋友，两个人正处在热恋中。她喜欢吃火锅，便经常带男朋友去吃火锅。虽然男友每次都吃得很少，但仍然会积极、主动地陪她去吃。后来她发现，每次她提到请男朋友吃饭的时候，男朋友都会以各种理由说不去。

丁丁觉得他们之间产生了一些问题，于是想找男朋友谈谈，但是话还没说完，两人便在彼此的愤怒中争执起来。在争吵中男朋友说出了吃饭的事情："你喜欢吃火锅，便以为我也喜欢吃火锅，但实际上我根本不喜欢吃火锅。你没发现我每次都吃得很少吗？你想过我爱不爱吃吗？你这是真心爱我吗？"男朋友的话让她突然感到无话可说。丁丁只能无奈地接受了男朋友分手的决定。

正是类似思维的指引，让丁丁犯下了一厢情愿的错误，以至于她不仅没能获得男朋友的欢心，还导致两个人分手的结局。所以，虽然说要推己及人，但也不要过分地以己之心度人心。那么，怎样才能在推己及人中，避免强加于人而弄巧成拙呢？这就要求我们要学会发现他人内心的真正需求，迎合他们的需求去说话做事，才可能实现自己的目的。或许，我们能从下面的例子中得到启发。

小舟自己开了一家服装店，这天，店里来了一位时尚的女士。她试穿了几件，不是觉得衣服褶皱，就是衣服太宽松，一直没有试穿到合适的。凭着多年的经验，小舟知道问题的根源在于这位时尚女士一直没有直起腰身，她每次试穿衣服的时候，都只是很随意地在镜子前面看一下。

这时，该女士又试穿了一件衣服，并且看得出她非常喜欢这件衣服。于是，小舟在旁边建议说："这些衣服有的大、有的小，把您身上优美的线条都给遮住了，但这件衣服非常适合您，如果您能正式地站在镜子面前，也许效果会更好一点儿。"

时尚女士一听，立刻直起腰身，重新在试衣镜前看着自己。

这时这位时尚女士发现，镜子中的自己看上去很漂亮，觉得身上的衣服非常适合自己，凹凸有致的线条，娇美的身材。于是站在旁边的小舟继续说道："这件衣服穿在您的身上，让您看起来比以前更加苗条。"女士笑着说："是呀！我也发现了，显得瘦了几斤。"然后毫不犹豫地买下了这件衣服。

小舟正是通过洞悉时尚女士心中对最后一件衣服的特殊喜爱，才提出了合适的建议，达到了向对方施加影响的目的。在不同的时间、地点，每个人都会做出不同的行为，只有善于从中洞悉出其内心世界中最真实的想法，才能有效影响他人，进而引起共鸣、达成共识。

所以，我们要灵活地运用类似思维，当自己喜欢某一事物的时候不要独断地以为别人也喜欢，否则只会适得其反，换来别人的反感。要记住，我们可以推己及人，但不能一厢情愿而勉强别人，要仔细体察对方真正需要的、真正想要的是什么，然后一击即中，走进对方的内心世界，赢得对方的好感。

青春期为什么更依恋同性朋友

13 岁的小亮与邻居家同龄男孩小阳自小一块儿玩耍，从幼儿园到小学一起上学，情同手足，形影不离。但近来小亮父亲感觉到两个孩子常背着人躲在一起，关系似乎有些反常。细心的父亲终于发现两个孩子的"不良行为"，如互相亲吻。对此，他既着急，又惊慌，怀疑两个孩子是不是同性恋。

此外，另一位读高中的女生陈静，近一个月来，她心情悲伤忧郁，甚至闪现轻生厌世的念头。经过询问，原来这种忧虑情绪是因为失掉“挚友”而产生的。她原与一位女同学感情甚密，两人曾海誓山盟，一辈子绝不与其他人交往，将毕生的情感都奉献给对方。可是这种特殊的关系维持了两年，那位女同学与另一位女生好上了。这使她既嫉妒又悲伤，恨不得一死了之。

以上两个事例都指出了一个问题：青春期的少男少女关系过于亲密，会发生同性恋吗？

其实，同性依恋与同性恋是两个截然不同的概念。

首先，我们要从青春期的心理入手来正确看待这个问题。正值青春期的少男少女渴望友谊，急切地寻找能促膝长谈之人，以倾吐心中的喜怒哀乐，以换取理解和支持。

其次，由于这一时期的少男少女性生理处于发育阶段，性成熟现象普遍存在，这与他们幼稚的思想意识相矛盾，朦朦胧胧的性心理促使他们通过各种盲目的手段体验性感觉，如拥抱、亲吻等。其发泄对象多是他们亲密的小伙伴。

所以，从青春期的特殊心理和成长特征来看，同性依恋属于正常的现象，不应该视为同性恋。

尽管如此，对少年时期这类同性相依恋的现象也不可掉以轻心。如果青少年和同性关系异常亲密，会产生只有同性在一起玩耍才舒服的意识，等到了该和异性交往的年龄时，可能不愿意或害怕与异性交往接触。此外，因为同性之间过分地依恋，容易丧失自己的独立性和完整的人格，产生社会交往的不适应感，将自己囿于狭小的人际交往圈中，成人后也可能发展成同性恋。由此看来，如果不适时加以开导，同性依恋对孩子身心发展会产生不利影响。

所以，父母应尽早注意孩子怎样交朋友及交上怎样的朋友。对青春期的孩子，一旦发现过分依恋同性的苗头，可在温馨亲切的气氛中采取循循善诱的方法，鼓励孩子多交朋友，有意识地介绍几个志趣相投的男女同学给子女，让他们共同学习、娱乐、交往，以逐渐减少特定的同性之间的依恋感。

若发现孩子在与同性玩耍时出现了不当行为时，既不能当面粗暴地羞辱责骂孩子，也不要斥责别的孩子是坏孩子或禁止往来，以免伤害孩子的自尊心。而应对孩子进行青春期性教育，使孩子消除对性的神秘感，从道德与心理上对一些不当的行为举动产生厌恶，自觉抵制不当行为，同时要让孩子多参加健康有益的文化活动，分散他们的注意力。

如果青春期的孩子同性依恋现象比较严重或者出现异常反应，家长通过温和的教育和引导无效的话，还应从心理上寻找原因以纠正孩子的行为。

综上所述，家长对青春期孩子的同性依恋现象，既不用过于担心焦虑而阻止他们同性交往或破坏他们的同性友谊，也不能采取视而不见、不闻不问的态度，长此以往可能使孩子的心理变得畸形。正确的做法是，对这个阶段的同性依恋行为适当关注，并以平和的心态循循诱导，让孩子们拥有正确和健康的交友观。

为何女性到了更年期容易失眠

女性朋友在绝经期或绝经之后，心烦意乱、失眠、发胖等各种问题相继而来。

今年53岁的梁阿姨，退休前在建行工作，近几年来经常情绪急躁、易于激动、喜怒无常，她认为是工作太忙、压力太大的原因，也就没想到要去就诊。好不容易退休了，可以好好休息休息了。可没想到退休后不到两个月，身体就出现了其他症状——经常出汗、头痛、心悸、血压升高、关节酸痛、体形发胖等，还有最让梁阿姨受不了的就是晚上睡不着，一开始吃安眠药还勉强能睡着，可是近来安眠药也不管用了，姐妹们说她可能是得了更年期综合征。经医生诊断，梁姨的症状是更年期综合征导致的。

那么什么是女性更年期综合征呢？它是指妇女在绝经期或绝经之后，因卵巢功能逐渐衰退或丧失，以致雌性激素水平下降所引起的以自主神经功能紊乱代谢障碍为主的一系列症候群。女性更年期综合征多发生于45—55岁，一般在绝经过渡期月经紊乱时症状便已经开始出现，可持续至绝经后2—3年，仅少数人到绝经5—10年后症状才能减轻或消失。

女性更年期常见不适症状有：月经周期紊乱、经量不一，并逐渐减少；情绪急躁、易于激动、心烦意乱、思想不集中、喜怒无常；面部潮红、经常出汗、头痛、心悸；血压升高、关节酸痛、体形发胖等。

有些人一下子不能适应这样的变化，会出现异常心理，主要表现为以下几个方面：

第一，悲观。一些妇女对发生在自己身上的更年期症状，出现悲观的想法，情绪消沉。一些人担心自己已经衰老，生命似乎走到终点，失落感特别明显。一些人常回忆过去岁月中不愉快的事件（灰色回忆），经常以泪洗面。

第二，焦虑。由于更年期综合征的出现，使一些妇女顾虑重重，外界的一点点刺激就容易引起很大的情绪波动，精神难以集中。

第三，敏感多疑。有的妇女整日忧心忡忡，郁郁寡欢。她们经常无端猜疑，见风就是雨，格外关注小道消息和闲言碎语，经常喜欢凭主观臆断把他人的言语和行为盲目地联系在一起，这不但影响了人际关系，还影响了自己的心理健康。

第四，个性与心理的改变。一些妇女的某些更年期症状比较明显，这些症状影响并改变了她们的个性。她们有时表现为唠叨、自私、急躁、不近人情，有时过度兴奋，有时则伤感、绝望，看问题及处理问题很极端。

第五，对外界事物失去兴趣。有的人每天上下班两点一线地生活，对社会上的活动失去兴趣，又不想培养新的兴趣。

更年期是每个妇女必然要经历的一个阶段，但每个人所表现的症状不同，症状轻的可以安然无恙，症状重的则会影响工作和生活，甚至会发展成为更年期疾病，如案例中的梁阿姨。因此更年期妇女更应该关爱自己，多了解更年期的常识，做好心理准备。

首先，要坦然接受成为中老年人的事实，将健康的身心作为美的评价标准，多参加一些活动，比如唱歌、跳舞等活动，让自己的老年时光也散发出另一种“青春”的魅力。

其次，尽快适应人生角色的转变。由于子女长大，有了自己的家庭和事业，母亲面对突然冷清下来的家会感到凄凉。空闲也成了难以对付的难题，不安情绪也就油然而生。这就要求女性朋友们平时要学会扮演多种角色（如朋友、母亲、同学、同事），增强自己的角色可塑性，让自己更好地适应不同阶段的生活。

最后，我们会发现平时独立性比较强、有自己兴趣爱好的女性，到了更年期会适应得更快。所以，要寻找自己工作和家庭以外的其他爱好，拓展自己的兴趣，这样可以快乐地填充自己的空闲时间，减少更年期的烦恼忧虑。

总之，从现在就做足准备，以乐观积极的心态去面对，女性朋友一定可以快乐地度过人生的每一个不同阶段。

活在当下才能不迷失

什么才是你活在当下的真实存在？在喧嚣的社会中，你是否处于迷失当中？留恋、不舍、怀念的是过去，对于未来你又将如何对待？该怎样活在当下，已成为都市人不断寻求的谜题。

一天晚上，我在小区散步。走到湖边的小路上，我看到湖对岸有一轮满月刚刚升起，正好位于湖对岸那座小山丘的山顶。空气中有些雾气，这轮满月有些泛黄，因为这幽暗的浅黄色，这轮满月、这湖、这些小山以及湖边的垂柳都有了一种怀旧的味道。这一瞬间，我被触动，然后拔腿就往家跑，准备去拿相机，拍下这迷人的景色。

但刚刚跑一段，我又停下来，站在湖边的垂柳下，看那轮幽暗的满月，还有湖水、小山……我彻底忘记了自己，全神贯注于这月、这山、这水乃至湖水上的电线……我与这景色也似乎融为一体。

第二天，我想，差不多的时间，该有差不多的月色吧。于是，到了第二天晚上，我带着相机提前来到湖边，等着这月色的出现。然而，这天晚上的月亮似乎还是那么圆，但那种怀旧感已彻底没有了。我静下心来，再看当时的月色，发现它尽管没有昨晚月色的特点，但一样有它的迷人之处。

如果执着于过去产生的快乐，那么我们便不能活在当下，便失去了单纯的快乐。随着年龄的增长，单纯的快乐也变得越来越难了。每有一种快乐，我们就会产生一种渴望，希望能在未来继续复制这种快乐。快乐越多，这种渴望也就越多。于是，随着年龄的增长，我们的心就会被一层又一层的渴望所缠绕，从而失去了对当下事物的关注。

快乐有很多种，如果只执着于一种，也就无从看到其他的了。一味地追求虚无的快乐和感觉，人就会活在自己想象出来的世界中，分不清现实与虚幻，让人难以从心底产生快乐感，便会迷失自己，变得无所适从。

不能活在当下的另一个常见原因，是我们容易被目标所淹没。很多人喜欢树立目标，认为目标越高，自己做事的动力就越强。然而，当总是想着目标时，我们就会忽略当下，就做不好当下的事情，而时间却慢慢溜走，等我们注意到的时候，已经来不及了。

活在当下，才能全神贯注把眼前的事情做好。

第六章

压力释放：心理垃圾要随时清理

另类偷窃，只为了寻找快感

2002年10月，某大学发生了一件奇怪的盗窃案。仅两个月时间，一新生女寝室频繁被盗，被盗次数达20多次。奇怪的是，被盗钱物每次价值均在百元以下，被盗物品仅仅是日常生活所需的牛奶、水果、零钱等，而放在寝室的大额现金、银行卡及手提电脑等贵重物品却没有被盗。

经过一番调查，疑点开始集中到一位叫芸的女生身上。当名单报上去时，学校却惊呆了。芸在学校各科成绩都非常好，学习也特别刻苦，是什么原因让这个尖子生走上这条路呢？是贫穷，还是其他？

起初，芸誓不承认。后来辅导员反复地做思想工作，她才开始认错。当问到偷盗的目的时，她的回答令在场的每一个人吃惊。她说，她从不缺吃少穿，她偷东西仅仅是为了报复周围的人，从中找到快感。

为什么学习上一向表现优秀的芸会做出这种大家所不齿的行为呢？主要是因为芸总是对身边的人无法产生信任感，甚至充满敌意。在偷窃中她觉得自己实现了对他人的报复，于是充满了胜利的喜悦。

那么又是什么原因，让芸形成这种孤僻的性格，在人际交往中始终对人充满敌意呢？在调查访谈中，我们了解到，芸这种对他人的敌意，是从小时候耳闻目睹了别人对母亲的不公后开始的。

芸的母亲能干善良，对邻居特别友善。但是她却一直生活在别人对母亲的嘲笑与轻视里。大一点她才知道，别人看不起母亲，仅仅是因为母亲生得特别矮小，五官看上去有一些不协调。

从初中开始，芸一直发愤读书，期望考上好的学校后以自己的能力向别人证明自己，也为母亲争回面子。但是尽管芸成绩再好，因家庭环境的影响，同学仍然看不起她。在学校，她常常一个人独来独往，给同学的印象是性情孤僻、不好相处的那种。所以，在学校里几乎没有人愿意和她做朋友。有时，她甚至觉得周围的同学都在私底下取笑自己、取笑母亲。

在这种环境下，她常常感到自卑和绝望，似乎无论自己如何努力，也摆脱不了别人轻蔑的眼光。在压抑与愤怒之中，她便想到了报复。不管是邻居，还是同学，谁看不起她，她就偷谁的心爱之物。她发现，每偷盗成功一次，她就能从中获得一种极大的快感。

有专家指出，发生在这名女生身上的这种偷窃属于心理不卫生行为。很多时候，事发后，有这样畸形偷窃心理的人，无一例外地受到学校的严厉处分。若他们的心理得不到及时疏导，很容易发展成为严重的抑郁症。

正确的做法应该是给他们更多心理上的关爱，找到他们心理问题的根源，对症下药，及时给予心理的疏导和指引，让他们回到正确的人格轨道上来。作为父母，在事发之后，应避免打骂或羞辱孩子，而应站在孩子一边，给孩子更多理解和帮助。而作为学校，应建立有效的心理疏导机制，让孩子在遭遇精神苦闷时能找到倾诉对象，大胆讲述自己的精神障碍，促进孩子健康人格的及早形成。

总之，很多孩子犯错并不仅仅是他们自身的错，而是我们教育的一种失误，在重视对孩子智力教育的同时，孩子的健康人格教育应引起家长、学校、社会的关注。

为什么有些人总爱插话

现实生活中往往有人话特别多，总喜欢在别人说话的时候插上几句。在朋友聚会、公众场所甚至在单独的闲聊中，你可能都遇到过一些喜欢打断别人谈话的人，未等你把话说完，他们就迫不及待地插上一句。这往往让我们很不舒服。

再如，每当大人讲话时，孩子总是爱插话，要不就故意制造点噪声，以此获得大人的关注。通常这些孩子都比较自我，希望得到社会（大人世界）的认同，并且有着被关爱和关注的强烈需求。如果他们的这种需求没有得到满足，便常常以插话来获得。面对这样的孩子，大人可以给其自我表达的机会，在他畅所欲言后，再提醒他应该给他人说话的机会，从而帮助孩子健康成长。

我们知道，打断别人说话是非常无礼的表现。尽管如此，在日常生活中，你可能还是会遇到这样的人，他们很热衷交谈，当别人阐述自己的观点时，总喜欢打断别人。这样的人往往会遭人厌烦，别人也不愿与其交流。但你越是不想和他们说话，他们得不到周围的认同，就越喜欢加入你们的谈话中来，越爱插上几句。他们为什么喜欢这样呢？遇到这样的人，我们又该如何应对呢？

我们每个人都经历了这样一个阶段，即从青春期的自我中心阶段过渡到成人期的自我互动阶段。在自我中心阶段，青少年以为自己是世界上独一无二的存在，是最值得关注的。他们过分关注自我内心的感受，不懂得去照顾别人的真实感受，所以，当他人正在说话时，他们总是去打断别人，以证明自己的存在，并希望得到他人的认同。

要解决这个问题，就得不断地调整自己在社会中的自我认同机制，达到一种良性的认同；同时，当要打断别人时，提醒自己“多给别人一些表达的机会，并从中找到自我发展的资源，获得人际双赢”。如果在生活中遇到这类人，起初你可以多给他们一些自我表达的机会，然后用语言暗示他：“现在我可以说了吗？”

你也可以善意提醒他们:“希望我说的时候，你先不要插话，好吗？”这种方式可以提醒他们调整自己的人际沟通方式，使其与他人更顺畅地交流。

所以，碰到爱插话的人，不要讨厌他们，也不要对他们翻白眼，只要给他们表达的机会，认同他们的观点，他们就能慢慢改变打断别人说话的毛病。

为什么说懂得宣泄愤怒的人更健康

当愿望不能实现时，人们通常会有一种紧张而不愉快的情绪。有人认为应该把不愉快的情绪发泄出来，这样才能让自己变得平静。也有人说释放愤怒时容易做出不理智的行为，我们应该淡定。

通常情况下，人们往往只从负面角度去理解“发泄”这个词，认为“发泄”具有破坏性。但事实是发泄也可以不那么疾风骤雨，甚至可以是平静的。发泄的方式有很多，如哭泣、倾诉、唱歌、垂钓等。那么愤怒应不应该发泄出来呢?

加州心理学家和婚姻咨询师乔治·巴哈博士，曾接待过几对以消极方式表达愤怒的夫妇，他们采用非身体性攻击手段发泄愤怒。巴哈博士得出结论，不会正确表达愤怒并因此不公正地还击的夫妇，通常关系很坏。

巴哈博士及其他专家认为，愤怒一类的消极情绪可以通过正确渠道排泄出去。他们呼吁人们学习“创造性争吵”，表达愤怒但不贬损对方或伤害对方的自尊。这个方法要求双方在不损害双方关系的基础上，坦诚表达各自的情绪。

不少心理学家都认为人的心理疾病往往是由于压抑引起的。咨询师通常让寻求帮助的来访者先尽量发泄他们的情绪。基于这个原因，一些公司设立了“发泄屋”，让那些在工作中受了委屈的员工到此发泄愤怒的怨气。来时每个人都怒气冲冲，去时大家则心情舒畅。

任何事情都可能导致人们产生愤怒的情绪。把愤怒宣泄出来是好的，但要选择成熟的表达方式——愤怒的表达不是为了让某一方狼狈不堪。

研究表明，恰当宣泄愤怒的人在成长过程中较少出现情绪和社会问题。只要我们能够恰当地、富有成效地宣泄，愤怒不一定是毁灭性的。

心理垃圾要随时清理

有没有试过在一个月没整理的包包里翻寻一件小物品，这时，是不是觉得怎么也找不到，恨不得把整个包包翻过来，把所有的东西都倒出来。心理压力的问题也是这个道理，如果不及时把心理的垃圾清扫出来，就会因累积太多而占据了内心太多的空间，最后，除了不快、压力等负面情绪，其他积极向上的情绪都

会被排挤出去。要想解决这个问题其实也很简单，那就是定期把东西全倒出来。

一天深夜，一位医生突然接到一个陌生妇女打来的电话，对方的第一句话就是：“我恨透他了！”“他是谁？”医生问。“他是我的丈夫！”医生感到突然，于是礼貌地告诉她，她打错了电话。

但是，这位妇女好像没听见似的，絮絮叨叨地说个不停。她告诉医生，自己一天到晚照顾四个小孩，丈夫却以为自己是在家里享福。平时她想出去散散心或者和朋友聚餐，丈夫老是反对。然而丈夫自己却每天晚上出去，说是有应酬，可谁会相信呢，反正她自己是不会相信的。

尽管医生一再打断她的话，告诉她，他并不认识她，但她还是坚持把自己的话说完。最后，她对这位素不相识的医生说，她知道他不认识她，就是因为两人是陌生人，她才敢把压抑了这么久都没发泄的心理垃圾对他说。在向医生表达了深深的歉意后，妇女满意地挂上了电话。

大部分人在面对压力的时候，会选择向朋友诉说，觉得这样总比闷在心里好。但事实上，很多事是没办法完完全全、坦坦白白地跟朋友诉说的。很多人觉得什么隐私都告诉朋友的话，这样的自己就如同一个赤身裸体的人直接地摆在朋友面前，这会令人感到尴尬，觉得难堪。更有甚者觉得，如果向朋友发泄多了，朋友把自己视作“祥林嫂”之类的人，岂不是更惨。所以，很多人都觉得很难找到一个合适的倾诉者。

这时找一个合适的陌生人倾诉倒是个不错的建议。陌生人不了解你曾经的故事，对你的未来也不会参与，而且，你们不会干预到彼此的生活。这也是大多数人在面对陌生人的时候更容易说出心里话的原因。

适当的情绪宣泄就好像在定时地为自己的心理排毒。当人们感到愤怒、不满、抱怨等不良情绪在内心聚集时，及时地宣泄对于身心健康是十分必要的。它能让我们感觉到似乎没那么生气了，心里能装得下一些快乐积极的情绪了。这便是心理学上常说的“霍桑效应”。它指的是一种情绪上的宣泄。

“霍桑效应”来源于美国国家研究委员会对霍桑工厂的调研得出的一个结果。霍桑工厂是美国芝加哥郊外一个制造电话交换机的工厂。它拥有较为完善的娱乐设施、医疗制度和养老金制度。但令人匪夷所思的是，这个工厂的员工经常抱怨自己的待遇不好，有时甚至还因为情绪影响了工作效率。为了探寻原因，研究人员对霍桑工厂进行了一系列的实验研究。

在这些研究实验中，有一个被称作“谈话实验”的重要环节，即专家们历时两年多的时间分别找工人们进行推心置腹的谈话，耐心倾听他们对待遇、环境等方面的意见和不满，并将他们的言论记录在案。令人惊讶的是，经过“谈话实验”后，霍桑工厂的工人们不再抱怨，干活时更加卖力，工厂的产量自然大幅度提高了。

原来，工人们在长期的工作中对工厂的各种规章制度、工作环境、福利待遇等方面心有不满，但这些不满情绪又找不到地方宣泄，长年累月地积累后便演变为抱怨、抵触等负面情绪。他们将这种情绪带到工作中，自然影响了工作效率。而“谈话实验”使他们将这些不满及时地、尽情地宣泄出来，他们因此感到心情舒畅，干劲倍增。于是，社会心理学家将这种奇妙的现象称为“霍桑效应”。

人在一生中会产生数不清的意愿和情绪，但最终能实现、能满足的却为数不多。对那些未能实现的意愿和未能满足的情绪，千万不能压抑着不让它发泄出来，不然的话，很容易产生种种压力。人们应该知道，压力不是一种想象出来的疾病，而是身体的一种“备战状态”，是因为身体意识到了某件事情具有潜在的威胁性而做出的反应。

如果你恰好在进行一项耗费工作记忆的复杂的思考工作，或是在解决推理问题，仅仅是焦虑本身就会让你发生思维短路。所以，我们要千方百计地让它宣泄出来，这样既有利于我们的身心健康，又有助于提高工作效率。

要允许自己软弱，要尊重自己所有的情绪。该笑的时候笑，该哭的时候哭。知足常乐才是人生最好的心态。要知道，伤害往往发生在你力不从心的时候。如果你只是个杯子，那就不要去干暖水壶才能做的事。适当地放下，为自己而活，你会发现快乐其实很简单，世界从此不同。

为什么人在夜晚感情最丰富

许多文字工作者喜欢在夜晚工作，因为那个时候他们能写出感情充沛、有感染力的文章。同时，因为在夜晚人容易变得冲动，犯罪活动也多发生在夜晚。我们经常会有这样的感觉，晚上我们似乎远离了现实，心情舒畅，一切困难似乎都算不上什么，而清早醒来，回到了现实中，忧愁烦恼似乎又回来了。

为什么会有这种情况呢？

因为人的新陈代谢在早晨比较缓慢，血糖含量处于一天中最低水平，人的思维活动不会太活跃。晚上，人的新陈代谢比较活跃，有足够的能量来支持思维活动，因此往往能够更加集中注意力，思维也更加灵活。

人在晚上无须扮演太多社会角色，多会进行无意识的思想活动。而在白天，人们要扮演社会角色，进行的思想活动都是有意识的。夜晚正是人们思想活动从有意识到无意识转变的过渡阶段。此时，人们更容易用心去感受这个世界，处理一些事情。

其实，人本身就有制造快乐的能力。白天，人们在扮演社会角色的同时会更多地把希望寄托在外界，希望外界刺激能带给自己快乐，而不是依靠自身去制造和享受快乐。晚上，人们回归家庭，不需要承担来自外界的压力，也不需要把希望完全寄托在外界环境当中，能够有更多的精力去想自己的事情。

人在晚上感情丰富，与感觉系统活动规律有关。白天，人的感觉器官、视听系统被高度利用，忙于接收外界信息，处于相对疲惫的状态。晚上，外界环境变化，光线变暗，噪声降低，人们接受的视听刺激变小，从而可以集中注意力考虑问题。

你知道撒娇也能释放压力吗

人只要生活在这个世界中，就不可避免地需要和自己、和他人建立亲密、和谐的关系。但快节奏的生活往往会使人承担着来自学业、职场、家庭等很多或重或轻的压力。这时，适当向自己撒撒娇，可释放压力，肯定自己，增强信心；向他人撒撒娇，弱化自己的气场，强化人际关系，舒缓他人给你带来的压力。

很多人都认为撒娇只是心智不够成熟的人喜欢做的事，甚至有些成年人觉得现在再向父母、恋（爱）人、朋友等撒娇是件很伤面子、很令人难堪的事。所以，一些难以说出口的压力就一直在内心积淀着，难以找到发泄的突破口。可是，你知道撒娇也是一种舒缓压力、释放压力的好方法吗？很多难以言说的话语，通过撒娇巧妙地发泄，能达到意想不到的效果。

很多人也觉得撒娇只是女生的专利，一个大男生如果对着家人、朋友、上司撒娇是件很“娘”的事，特没面子。然而在情侣相处时，男生撒撒娇也不是件丢脸的事。徐志摩就说过这么一句经典的撒娇的话：“别拧我，疼。”别小看这类肉麻的撒娇方式，这是恋人相处的润滑剂。一句“我的心还在痛”“为你弄伤的手还在痛”等，让人听了就不免会生出怜悯之心。痛的表面信息是静态的受伤，背后却暗示“我是个弱者”的主动柔攻，暗藏的指令是：“你可要宠我。”

如果两个人刚好处于情感的低潮期，或者刚好吵架冷战，一句“我病了，我痛”能够勾起对方的关怀，起到挽回破裂关系的妙用。因此，只要无伤大雅，男女朋友之间私密的撒娇话，通常是最有效的降温药。男生若能巧用撒娇这招，欲挽回女生的心也绝不是件难事。

在感情关系上，如果能把这种撒娇哲学运用得当的话，缓解情侣间相处的压力不是件难事。其中，最有效的当数“痛症”的活用，这是男女互相修补关系最常用的撒娇绝招。

有些人会说，对着恋人撒娇那是无可厚非的事，但你能对着老板、同事撒娇吗？不行吧，所以职场压力还是没解决啊！是谁说职场上就一定得以强碰强呢？我们应该学会以柔克刚。

大部分职场中人觉得压力最大的莫过于人际关系。要想有良好的人际关系，就要学会沟通，而偶尔适当地撒个娇对沟通有益无害。

撒娇之术的高明之处在于能够缓解相处过程中带来的压力，还能给足彼此面子。撒娇术练到高明至极的人是最懂维护面子沟通心理学的。给个面子，万事好商量。客户高兴，老板有面，一切矛盾、冲突和个人问题都在言谈之中悄然化解，变得容易协调。职场上撒聪明的娇能制造双赢局面，一方面既克制自己，又降低了攻击性，另一方面则容易赢取对方的信任。

在职场上，如果事事追求完美，不仅会在无形中使自己倍感压力，而且会使自己与同事的关系难以融洽相处。人对于过于追求完美的人总是心存距离，这样就容易被同事排挤，如果事情无法达到自己想要的要求的话，则会打击自己的信心。无形之中压力就会越积越多。

怎样才能改变这种局面呢？适当地调整自己的心理，以无伤自尊又不失大雅的方式撒个娇，把荣誉让给同事、领导。能维护他人的面子和权威，工作气氛良好，才能有力地缓解自己周围环境所带来的压力，才有助于自己掌握提升的机会。给足他人面子，才能获得更多的发展空间。

说到底，改善心理的最高境界是自疗，也是最彻底、最有效的治疗态度。人活得最自在的状态是自我认同、自我满足。要做到这点，向自己撒个娇是一种有效的办法。

我们每天想得太多乐得太少，压力就像空气般环绕在周围，这时，和恋人撒个娇，以舒缓压抑和不安情绪。如果还是做不到向他人撒娇的话，试着跟自己撒个娇，例如，说“今天好累呀，你就让我休息一晚，明天再奋斗吧”“今天我才不要让自己煮菜做饭呢”……把自己不想做的事、不想说的话和不想见的人暂时放下，跟自己撒个娇，不硬逼着自己承受一切。你会发现，其实生活中并没那么大的压力。

第七章

背道而驰：为什么有人就爱对着干

人们为什么总是喜欢对着干

我们经常会遇到这种情况：你越是让我做什么，我偏不做；你越是不让我做什么，我偏要做。即使两个陌生人碰面，甲让乙给自己让路，乙要是高兴的话，会很痛快地让开；如果不高兴的话，则会说："凭什么给你让路啊？这条路是你们家修的？我想站哪儿就站哪儿，你管得着吗？"为什么人们总是喜欢对着干呢？

其实，这是人们逆反心理的一种体现。逆反心理是一种常见的心理现象。每个人都有好奇心，因为好奇而想要了解某些事物，当这些事物被禁止时，最容易引起人们强烈的好奇心和求知欲。特别是只作出禁止的命令而又不解释禁止原因的时候，更容易激发人们的逆反心理，使人们更加迫切地想要了解该事物。因此，你越是禁止，对方越是想知道。

逆反心理是人们彼此之间为了维护自尊，而对对方的要求采取相反的态度和言行的一种心理状态。这种现象在青少年人群中是最常见的，其他年龄阶段的人群也会有这种心理。在日常生活中，人们常常通过这种与常理背道而驰的行为，来显示自己的"高明"和"非凡"，来抗拒和摆脱某种约束，来满足自己的好奇心、占有欲。

逆反心理会使人形成一种狭隘的心理定式和偏激的行为习惯，处处与人对着干，使自己变得偏激、固执，无法客观地、准确地认识事物的本来面目，无论何时何地总是下意识地与常理背道而驰，从而做出错误的选择和决定。

因为逆反心理可以造成这样的心理结果，即你越是制止人们的某种行为，他们越是想要这样去做；如果你坚持采取某种行动，结果却会使对方采取相反的行动。利用这种心理效果，我们可以设下一个小陷阱，刺激对方的逆反心理，使其主动地钻进来，以达到改变人们某种行为的目的。

苏联心理学家普拉图诺夫在《趣味心理学》一书的前言中，特意提醒读者请勿先阅读第八章第五节的故事。大多数读者没有遵守作者的告诫，而是迫不及待地翻看第八章第五节的内容。其实这也是作者的本意，他正是利用人们的逆反心理达到了让人们关注第八章第五节内容的目的。如果他只是在前言中说，第八章的内容很精彩，希望大家仔细阅读，这样反而起不了太大的作用。

人们做任何事情都会有自己最初的想法，不希望受到别人的限制。如果要改变他们的行为，我们可以巧妙地利用别人的逆反心理使其改变。我们要善于利用这一点，学会对人们进行善意的规劝和说服，同时也要警惕别人恶意利用逆反心理来激你，使你做出不理智的选择。

幸福必须靠自己争取

丽华是某国企中层领导干部，28 岁走到这一步，已经很了不起，家中又有英俊、能干、体贴的丈夫以及漂亮、可爱的女儿，她成为同事、朋友们羡慕的对象。

可谁知，她最近异常憔悴，因为怨恨而痛苦不堪。原来，几天前，她的公公和婆婆对她说了一些不友善的话。丈夫是家中的独生子，而公公、婆婆都是思想非常保守传统的人，三年前儿子结婚时他们就一直盼着儿媳能给他们生个白白胖胖的孙子，以传宗接代，用他们的话说就是“家族香火不能断”。眼巴巴地盼了三年，却事与愿违，两位老人极度失望。虽说孙女极像儿子，非常乖巧，但仍难以消除二老心中的遗憾以及对儿媳的不满。他们知道这是无法补救的事实，但有时仍忍不住会借机对儿媳说些难听的话。丽华怀孕那段时间，公公、婆婆对她都非常好，总是变着花样做好吃的给她，还不让她做任何家务活，总是让儿子陪着儿媳去公园散步。还有两个月才临产，他们就硬让丽华请假在家休养。可是，一旦希望落空，他们便对丽华十分冷淡，甚至都不愿照顾刚出院的丽华。对这些，丽华并不在意，她觉得只要丈夫对自己好就行了，反正自己嫁的是丈夫，而且她还认为时间久了，公公、婆婆还是会重新接纳她以及她的女儿的。

就这样过了半年，女儿长得越发乖巧，但公公、婆婆的态度却没有一点儿改变，他们甚至有些变本加厉了，有时甚至无中生有，还经常在儿子面前说丽华的坏话。丽华产生了强烈的怨恨心理，她说："我再也无法和他们恢复昔日的关系了，往后的日子叫我如何面对？"

认识他们家的人谈及她时都认为她是无辜的受害者，似乎不应该承受那么大的罪过，请她不要太伤心，但她愈想愈激动。她哭着说："总有一天我会想办法报这个仇，让他们也尝尝这种滋味！"她说这话时的脸色十分吓人，眼睛像要喷火一样恐怖，拳头攥得紧紧的，似有深仇大恨一般。

在日常生活中，也有不少类似丽华这样的情况。从心理学的角度分析，丽华之所以没有了幸福和快乐，是因为她心中充满了怨恨。这种深深的怨恨蒙蔽了她的双眼，使她无法自拔。

怨恨是一种消极心理，我们要努力克服它，具体做法如下：

适当的否认。对痛苦的现实进行适当的否认，这是一种保护性的正常防御，如自我暗示说："我并不是一无是处，我还有我的优点……""我有丈夫的支持，这是最主要的。"

积极的压抑。把妨碍身心健康的痛苦体验或创伤性事件予以选择性遗忘，阻止它们扰乱正常的生活。如不要老是去想自己如何失败，自己的面子如何，而是想想怎样才能改变现状。

有利的合理化。有两种表现，一是"酸葡萄心理"，即把得不到的东西说成是不好的；另一种是"甜柠檬心理"，即在得不到葡萄而只有柠檬时，就说柠檬是甜的，两者的作用都是掩盖痛苦和失败，以保持内心的安宁。

合理的移植。将指向某一对象的情绪、意图、欲望转移到另一个对象或替代的物体上，借此减轻精神负担，获得心理平衡。不是顺应不良的行为，而是用人们可以接受的方式，如体育活动、文娱活动等积极的行为。

积极的认同。从他人身上获取适应生活、工作、学习的有效方法，从而自我安慰、自我解脱、自我调整、自我激励，正确对待自己，对待他人，对待生活。

青春期的孩子怎么变叛逆了

青春期是人生重要的转折期，这个阶段的顺利与否关系到人生的未来。然而，一提到青春期，很多家长就会头疼，因为孩子进入青春期之后，会突然变得不顺从、不听话，他们的行为甚至可以用不可理喻来形容。

青春期的孩子就像一个矛盾体，前一刻钟，他们还在肯定这一切；下一刻钟，他们又会否定这一切；有时他们会盲目崇拜，而有时他们又会把所崇拜的事物贬得一无是处。他们就像一颗随时都会爆炸的“炸弹”，也许家长不经意的一句话、一个眼神，就会成为引爆这颗炸弹的导火线。同时，他们对家长充满了敌意，事事都与家长对着干，家长让他们往东，他们就偏要往西。

总之，青春期孩子脾气暴躁、叛逆、充满矛盾，令人捉摸不透。面对这样一个完全陌生的孩子，很多家长不知道该如何去教育他们，从而感到恐慌和无奈。这些青春期的孩子心里都在想些什么呢？心理学专家为我们提供了答案：

第一，我想独立。进入青春期之后，孩子的身体开始慢慢发育成熟，这让他们感觉自己已经是成年人了。因此，他们在思想上也想得到大人的尊重。于是他们总是试图摆脱对大人的依赖，想独立，并不断地挑战大人的权威。

然而，由于这些青春期的孩子缺少社会经验，当他们以成人姿态出现在社会中时，却又屡屡碰壁。也就是说，他们想独立，但又害怕品尝碰壁的苦头，这一矛盾使得他们对自己感到很迷茫。

实际上，青春期的孩子非常渴望得到家长的理解和安慰，如果家长真的理解他们，他们是很愿意向家长敞开心扉的。然而，现实是，孩子要经常面对家长的指责和不满。在这种情况下，孩子不仅不愿意向家长敞开心扉，甚至会和家长对着干。

第二，我正常吗？到了青春期，孩子的身体开始出现第二性征，女生的乳房开始隆起，男生出现喉结、胡须等。这使得他们感到困惑和不安。

与此同时，性成熟会使孩子开始对异性产生莫名的好感和幻想，并产生对性的渴望和冲动，这又加重了他们的罪恶感。这种心理冲突会促使他们在心中不停地问自己："我正常吗？"

那么，家长们要怎么做，才能帮助他们更好地度过青春期呢？

首先，家长要适当地让权。

一些家长喜欢与这些青春期的孩子"较真"：批评他们的奇装

异服、怪异发型；指责他们不务正业；过多插手孩子的事情……这些都不是有效的教育方式。这样做的后果只会让家长与孩子“两败俱伤”！家长越生气，孩子的怪异行为越多；家长与孩子之间的关系恶化，家长说孩子不可理喻，孩子说家长不理解自己。

正确的做法是，给孩子一些空间，让他们在宽松的环境中自我思考。

其次，以平等的态度多与孩子沟通。

青春期的孩子，存在很多成长的困惑。作为家长应该了解他们的真实想法和困境，并帮助他们解开心中的种种疑惑。但是，在帮助孩子时，家长要特别注意方式方法，因为青春期孩子的自尊心特别强，家长应该以平等的态度与他们沟通。

只有这样，青春期的孩子才更乐意接纳家长的“教育”和帮助，才能顺利度过青春期，甚至会在这个过程中和家长成为朋友。

婆媳之间为何经常硝烟弥漫

自古以来，婆媳关系就非常复杂，常言道：“家家有本难念的经。”其中一本就叫“婆媳经”。在家庭中，两代人之间的矛盾和冲突最明显和最常见的是婆媳关系。婆媳不合是让很多人头痛的问题。那么，是什么使得婆媳之间经常硝烟弥漫？

第一，“真有之情”与“应有之情”的矛盾。

婆媳二人来自两个不同的家庭，因为爱着同一个男人而成为一家人，她们既不是婚姻关系，也无血缘联系。社会心理学的观点认为：中国人对各种人际关系会采用一个双维度的标准，一个维度是关系中的两个人身份角色的距离，另一个维度是关系中两个人的真情交换和义务履行的均衡，这就是两种感情——“应有之情”与“真有之情”。新媳妇嫁过来的时候，没有血缘的两个人只是把自己放在了婆婆与媳妇这两个角色上，她们之间的情感是由双方的角色建立起来的“应有之情”而不是两个人相处所形成的感情。

第二，角色的偏差导致彼此对对方的期望值不同。

这一点是和上一点连接的。婆媳双方混淆了婆媳与母女之间的关系，把“应有之情”期望成“真有之情”，婆婆用当“妈”的口气训媳妇，媳妇用在娘家的习惯在婆家生活和婆婆相处，婆媳双方都希望对方像对自己的亲妈和亲女儿一样对自己，可是两个人没有天然的血缘关系，自然会对对方失望，于是争吵不断，造成婆媳之间的矛盾升级。

第三，婆媳对儿子养老资源与物质保障的争夺。

自古有云：养儿防老。在中国，养儿防老的观念根深蒂固，老人辛苦一辈子，就是为了这个儿子，也希望儿子以后成为自己的物质和精神上的保障，可是儿子娶了媳妇，这个时候老人的心理自然是不平衡的，为了消除这种不平衡就把气发到媳妇的头上，婆媳矛盾就此形成。

第四，婆媳对家庭的经营权与管理权的争夺。

在中国古代，只有媳妇熬成婆了才能挺起腰板做人，因为封建的大家族都是婆婆掌管家里的大事小情，媳妇只能听婆婆的安排。但是现代文明社会与过去有天壤之别，现代媳妇也不像以前的媳妇那样对婆婆唯命是从，婆婆还是像以前一样管着家里的事，管着媳妇，但媳妇也想自己当家做主，同时觉得婆婆的某些观念是不合时宜的，此时婆媳双方对家庭的管理权的争夺也成了婆媳矛盾的又一原因。

基于以上原因，婆媳关系成了家庭关系中令人头痛的环节，并非婆媳之间刻意要对着干，而是感情基础不扎实，日常生活习惯不同等诱因引发。那么，我们如何才能尽量平息这场历史悠久的“婆媳大战”呢？

首先，要培养婆媳之间的感情。婆媳虽然没有血缘关系，但婆媳之间也有共通的地方，那就是同时爱着、关心着同一个男人。只要利用好这个条件，拉近婆媳关系，并在日常的相处中增进彼此的感情，婆媳关系也可以很融洽。

其次，要相互理解、相互包容。婆媳来自两个完全不同的家庭，她们的家庭背景与教育背景可能有落差，在生活中表现出的处事风格不同，只有相互理解、相互包容，从对方的角度去思考问题，冷静理智地对待生活中各类小摩擦，抱着“大事化小、小事化了”的心态去沟通，冲突自然会减少。

再次，“尊老爱幼”。家庭关系应建立在互相关心、互相扶持的基础之上。因此，要尊重关心老人，为老人提供生活上的照料，心灵上的安慰。而婆婆也要放下封建思想的枷锁，真心实意地关心爱护儿媳。

最后，发挥儿子的中介作用。儿子作为双方关系的关键点，在处理婆媳关系中起着十分重要的作用。儿子不能在婆媳之间传话，会做的儿子两头瞒，不会做的儿子两头传；儿子可以帮助婆媳进行心理沟通，帮助婆媳消除心理上的障碍，增进感情。

处理好婆媳关系，是保证家庭和睦的重要环节之一。婆媳之间本无仇，女人何苦为难女人？

表扬孩子未必都是好事

表扬，是家长对子女进行教育时常用的手段。表扬的形式很多，例如，肯定、赞许、期待、激励、物质奖励，等等。正确使用表扬，将会收到令人满意的效果，但是，有很多家长却不懂得表扬的方式方法，这样不仅不能使表扬产生积极的作用，反而带来了弊端。

有一位家长对自己上小学六年级的孩子说："如果你这次考上重点中学，就给你买电脑。"果然，孩子考好了，得以如愿。但是后来的一个学期孩子忙于玩电脑游戏，不做作业，期末考试成绩很不好。这时候，家长才意识到：买电脑来刺激孩子学习的方法欠妥。

这个例子中，该家长单纯以物质奖励来刺激孩子的学习，结果适得其反。因为孩子的心智尚未成熟，很多时候对自己的欲望缺乏自制力，以物质来刺激孩子，可能让孩子形成一种错误的学习动机，即只为了得到物质奖励而学习，这对于孩子长期的发展是不利的。所以，要注意采用"精神奖励为主、物质奖励为辅"的奖励方式。

在表扬的过程中，家长需要注意哪些问题呢？

第一，要营造良好的表扬氛围。表扬如果是在良好的气氛下进行，能增强孩子的荣誉感、责任感、进取心，反之，则收不到好的效果。

第二，应该重视做人方面的表扬。有些家长很重视孩子的学习成绩，一旦孩子考试成绩好，就大大加以赞扬，给予物质奖励。而有的孩子常常助人为乐，却往往得不到家长的表扬。其实，孩子在生活与学习中，只要有了好的表现，就要进行表扬。

第三，表扬方式要多样化。单一的表扬方式，不仅激发不了孩子的学习热情，时间一长，还会引起孩子的厌烦。

第四，表扬要实事求是。孩子的微小进步都值得给予肯定，但表扬时要实事求是。如果家长对孩子的微小进步评价过高，就容易使孩子滋长骄傲自满情绪。

第五，表扬要因人而异。表扬时，要视孩子的具体情况而定。如果对于一个成绩原来在下游的同学，那么当他争取到中等的成绩时，家长应该及时给予表扬和鼓励，让他们看到自己的进步，并因此树立信心，再接再厉。如果一味地要求孩子一定要考到前三名，才能得到表扬或奖励，那么可能会影响孩子的学习积极性。

总之，只有了解了孩子的心理需求，投其所需，才能真正收到良好的表扬效果。

真的是“无仇不成父子”吗

朱自清的《背影》中老父亲朴实、行动蹒跚的形象深入民心，把深沉厚重、含蓄内敛的父爱描写得淋漓尽致。

父亲，是对儿子关心最多、对儿子人生影响最大的人。最美好的父子关系应该是朋友关系——平等相处，互相关心，彼此尊重，苦乐共享。而这种父子关系在我们的生活中是不多见的，更多的儿子觉得父亲并不关心自己，他们无法从日常生活中感受到父亲的爱，对父亲产生误解，久而久之还会与父亲疏远。很多父子缺少沟通的习惯，因而在相处的过程中不断产生摩擦与误会，却碍于这种特殊的“面子”让双方都不愿主动去握手言和。

我和父亲关系一直不太好，交流得太少，没什么话可说，我知道这样不好，可是不知道该怎么解决。最近这两天看他下班回来好像是有点什么问题似的，话少，吃饭也不跟我和母亲一起按时吃。在别人那里我听说他好像认为我不爱理他，说我总是跟我妈说话，但实际上我很羡慕别人跟自己的父亲关系那么好，羡慕动画片《大头儿子小头爸爸》里面的父子关系，我曾经为此找过几次学校的心理老师，但还是不知道跟父亲怎样沟通交流。别人让我主动跟他说话，今天他回来的时候我就是这样做的，吃饭时跟他说话，但他却不理我，我真不知道该怎么办？

这是一个大二男生的困惑，相信这也是很多儿子的困惑。为什么父子关系会变成这样呢？心理学家认为，这与男性的个性特点和心理特点有很大关系。

相比女性，男性的情感表达能力不够强，很少通过语言及外显的行为来表达爱。儿子小时候，通常会把父亲当成榜样，完成自己“男子汉形象”的建立。男孩子刚毅、勇敢的性格与父亲的影响是非常大的，在学习了父亲身上这一系列优秀品质的同时，也学会了不善情感表达，这就使得男性之间的情感表达不畅通。

另外，受传统角色的影响，男性都有很强的控制欲和支配欲。儿子小的时候，父亲能够很好地控制、支配其行为，并从中体验到一种满足。但是随着儿子步入青春期，儿子强烈的自主意识和父亲的控制欲形成了冲突，于是父子之间的抗衡产生了。

除此之外，父亲对儿子的高期望也是造成矛盾的一大原因。一旦儿子的行为不符合自己的期望，父亲便容易产生失望、愤怒的情绪。

基于男性的心理特征，父子之间的冲突属于正常现象，而且，儿子也是要通过“挑战”父亲来证明自己长大了。不过，如果冲突过于激烈就不妥当了，要把握好度，否则只会伤害彼此。

首先，了解彼此的心理特点是非常必要的，在此基础上，才能做到相互理解。做儿子的要尊重父亲的价值观，而做父亲的也要接受儿子长大的事实，并给予尊重。

其次，要善于培养彼此的情感沟通能力。具体做法如下：对对方的优点，能及时肯定赞美；对对方为自己的付出，能及时表达感激；对对方的困难应及时发现，并给予支持。语言虽然是沟通情感的重要途径，但却不是唯一的方法。父亲和儿子之间也可以通过其他途径来弥补语言表达的不足，比如，父亲用眼神鼓励儿子，就会传达给孩子很强的力量感；儿子默默地为父亲倒杯水，父亲就能感觉到来自儿子的关心。多在非言语行为上做努力，对父子之间情感的培养是非常重要的。

作为儿子，只有明白父子关系的特点，就会懂得如何处理父子关系。当与父亲出现不同的看法的时候，要心平气和地交流，不要固执己见。人无完人，父亲也不例外，也会有缺点和犯错误的时候，但父亲的出发点总是为了儿子好。有时父亲可能不理解年轻人的想法，这需要我们换位思考。为什么销售员很专业，顾客却不买账。

有的销售员以为自己对产品的性能及特点很了解，因此在向顾客推销时，不是一味地自吹自擂，就是不断地询问顾客：“你懂吗？你知道吗？你明白我的意思吗？”他可能真的是在为顾客着想，希望能更好地介绍自己的商品，但顾客却十分不满，感觉自己被当作一个什么都不懂的傻瓜。

无论是自我吹嘘还是不断地质问，都会让顾客觉得受到了轻视，从而产生逆反心理。一旦造成这种结果，还谈什么销售？

吴女士准备给刚上学的女儿买一套合适的书桌。周末，她来到了某商场的家具销售区。吴女士一进门，一名销售员就热情地迎了上来，便迫不及待地说："欢迎光临，本店的家具质量上乘，设计一流，豪华高档，摆放在您的家里，一定可以大大提升您的品位。"

吴女士笑了笑说："谢谢，不过我对这些倒不是很重视。对了，你能给我讲讲这套家具的具体构造吗？"并指着一套家具说。

销售员马上说："非常乐意为您效劳，这套家具的整体风格总体来说复古怀旧，由著名的设计师设计。如果你买了，还可以当作梳妆台用……"

吴女士再次果断地打断了销售员的介绍："这也不是我最感兴趣的。我比较关心的是……"

销售员马上又接过了她的话："我知道了，您想了解构造！这套家具采用的都是上乘木料，外面还配置了保护层，我敢保证它的使用寿命绝对在20年以上……"

这依然不是吴女士关心的内容，于是不得不再次打断销售员："关于这些，我都相信。但是我想，你是误会我的意思了，我更关心孩子……"

还没等她的话说完，销售员又一次抢过了她的话说："您完全不必有这样的担忧，我们会为您的家具特别配置一些防护措施，能够避免小孩子在上面乱涂乱画。如果您现在买的话，我们还可以给您优惠价……”

吴女士实在听不下去了，马上向对方告辞，转身离去。销售员只好满腹疑惑地道别。

这个案例中，双方交易之所以失败，就是因为这位销售员不明白吴女士的心理，而且不等顾客把自己的想法表达出来就一味自吹自擂。销售员以为自己了解顾客，是想顾客之所想，认为顾客都是行外人。事实上，吴女士关心的是家具适不适合自己的孩子用。

作为一名销售员，最关键的一点就是要站在顾客的角度着想，从而了解并把握顾客的心理需求，只有这样，才能促成交易。销售员如果只顾介绍，而没有弄明白顾客的真正需要，势必会引起顾客的反感。

优秀的销售员善于把握顾客的心理，知道如何赢得顾客的信赖，促成销售。

为什么会对领导决断有抵触心理

领导与下属是社会关系中常见的一种。领导者对下属实施领导，并按照一定的目标、任务、标准、程序等要求下属做什么、怎么做，并规范下属的行为。二者之间有时难免会发生冲突。

在职场中，为什么下属会对领导的决断产生抵触呢？所谓抵触心理是对事物的压力变化产生的一种抵触心态，使情绪变得非常的暴躁和极度的不稳定。比如你想尽快地完成工作，领导却给你设置了重重障碍，致使你产生抵触心理。

抵触情绪常常以下列三种形式出现：其一，条件限制。某些人不能支持或同意你的提议，是由于某种无法妥协的原因（例如，公司政策、法律原因、合同义务）。其二，找借口。人们会找借口或拖延，是因为不相信你的主意会使他们受益。此时你能做的就是消除他们的疑虑。其三，真正地反对。这种情况是由于缺乏资金或资源，受时间限制等原因造成的。

对领导决断的抵触，其实就是对领导能力以及决断的怀疑。当你在职场碰到能力不如你的领导，心里或多或少会有些不服，对领导的话也不怎么放在心上，对于领导的决策也持反对意见，更不愿意去执行。觉得领导的各种决策都是错的或者觉得领导是在自作聪明，这种肤浅的决策作为下属的你动动脑筋就能做出判断；甚至你觉得这决策很不可思议，对此感觉很无奈。产生矛盾后，若身边再有人挑唆，下属就会觉得自己的努力领导根本就不会放在眼里，因而做事变得不积极；而领导会觉得，我给他做规划都是为了他可以尽快晋升，他还不领情。双方有了矛盾一般不会当场发作，但会对对方产生不满的心理。

出现抵触心理时，我们应该怎么做呢？

先来了解令下属不满的领导类型：暴躁型：这类上司经常为一点小事发脾气，性格急躁，容易将个人情绪带进办公室；优柔

寡断型：你的上司总是朝令夕改，令你措手不及；摆款型：此类上司自恃清高，喜欢摆架子，而且心胸狭窄；管家婆型：这类上司事无巨细，什么都管，表面上他似乎相当开明，鼓励人尽其才，实际上他只是将下属当工具，他的意见就是命令，你很难获得成就感；不体谅下属型：此类上司做事缺乏责任心，不懂得体谅下属，这一类型也是下属最抵触的。

对于以上几种类型的领导，我们能做的就是熟悉领导的心理特征，与之多沟通交流。不熟悉领导的心理特征，就不能与之进行良好的交流，无法与领导取得共鸣。

即使你受到了极大的委屈，也不要把这些情绪带到工作中，因为这会影响你的工作。

领导和下属要学会换位思考，站到对方的立场去想问题，这样双方的合作就会十分愉快。一旦你真正消除了抵触心理，你就会觉得你们更像是伙伴而不像是上下级。作为伙伴，领导会委托给你更多更重要的任务，使你有更广阔的发展空间。

第八章

行为规范：为什么白干活高兴，干活赚钱反而不高兴

社会规范和市场规范的博弈

社会性行为规范守则维护着我们的人际关系，使我们的生活更加有“人情味”；市场性行为规范守则形成了我们的商业关系，是我们生活的生产力。两者就像是一道美味里的调味料，它多了你少了，两者的博弈之间演绎着我们阴晴圆缺的社会心理。那么两者又是如何在日常生活中发挥作用，如何深入地影响我们的心理呢？

曾有心理学家做过这样的实验。在一个电脑屏幕的左边会出现一个圆圈，右边是一个方框。参与者的任务是用鼠标把圆圈拖到方框里去。一旦圆圈被成功地拖进方框，它立即从屏幕中消失，原来的起点上又出现一个圆圈。参与者尽量快地拖圆圈，记录下在 5 分钟内能拖多少，用这个方法测量他们在这一任务中付出的努力。

这样的设计是如何阐明社会规范和市场规范的呢？原来心理学家把参与者分成了三组，第一组的参与者参与实验可以得到 50 元的报酬。第二组的参与者也提出了同样的任务和要求，不过他们的报酬要低得多，只有 5 元。第三组的参与者被告知他们这个任务只是一种社交请求，并没有任何劳动报酬。

我们可以看到，第一组和第二组是被设置市场规范下的比较，第三组就完全是社会规范。那么最后这几个组各自的努力程度如何？

结果在市场规范下的组：得到50元的参与者平均拖了159个圆圈，得到5元的平均拖了101个圆圈。在市场规范下，得钱多的参与者受到的激励更大，工作更努力。

不给钱的那一组是怎样的情况呢？这些参与者比那些拿钱较少的参与者干得差吗？或者他们遵照预想的社会规范工作更加努力呢？结果是，他们平均拖了168个圆圈，比拿5元的那些多得多，比拿50元的那些也要多。换句话说，这些人没有金钱激励，他们仅仅是按社会规范来参与，可是他们比那些为50元的人更加努力。

这是怎么一回事？零元怎么会比50元更有吸引力？我们再看一个现实中的例子。

曾经在美国，大多数的律师都无法接受美国退休人员组织提出以约一小时30美元的价钱为一些需要帮助的退休人员服务，然而，当他们被问及是否愿意免费为需要帮助的退休人员服务时，绝大多数的律师却赞成了。

律师的表现跟我们提到的实验里的参与者如出一辙。这是因为，提到了钱的问题，律师们用的是市场规范，认为报酬与他们的实际工资标准相比太少。没提到钱的问题，他们用的是社会规范，所以他们愿意贡献时间。那么，为什么他们不干脆把自己假想为拿了30美元补贴的义工呢？这是因为，一旦市场规范进入了我们的考虑，社会规范就随之而去。

在前面的实验里，那些拿到50元报酬的人同样不会有“给这些研究人员帮了忙，还挣了点钱”的心理，进而干得比那些没拿钱的更出力一些。相反，他们把自己转到了市场行为规范守则的心理中，认为 50 元值不了多少，因此干起来心不在焉。

市场规范的心理一来，社会规范的心理就会被挤跑。两种心理的博弈成了我们行为选择的根本决定因素。现实生活中，如若我们不仅把握了自己的这两种心理，还把握了别人的这种心思，我们在人际交往中不但不会闹出笑话，还有可能会有意想不到的收获。

为什么愿意免费做义工，给补贴却不愿意做了

每当有大型活动，像什么奥运会、亚运会等，总少不了志愿者的身影。志愿者或者义工，他们致力于免费、无偿地为社会贡献自己的力量，被称为新时代的“雷锋”。这些人要么是为了锻炼自己的社交能力，要么是为了结交新朋友，要么是为了报答社会。无论是出于什么考虑，反正就是不和金钱沾上一丁点关系。我们最不能容忍的就是，自己的义务劳动被明码标价了。为什么我们不愿意在获得心理满足的同时，又获得一定的报酬呢？为什么当志愿活动成为兼职，我们的积极性就会下降，甚至于不愿继续做了？当我们的志愿活动被明码标价的时候我们更会被彻底激怒，这是怎么回事呢？

这是因为我们分别遵守了两条截然相反的行为规范准则，一

条是由社会规范主导，一条则由市场来规范。

社会规范是人们社会行为的规矩，社会活动的准则；是人类为了社会共同生活的需要，在社会互动过程中衍生出来，相习成风，约定俗成，或者由人们共同制定并明确施行的。其本质是对社会关系的反映，是社会关系的具体化。社会规范包括人与人之间互相的友好请求。你能帮我搬家吗？你能帮我修水管吗？社会规范一般是友好的。我们可以帮邻居搬沙发，帮助了别人，我们除了得到一句道谢或者给人留下一个“好人”的形象外，不会捞到任何物质上的“好处”。

市场规范所统治的商业化行为则完全相反。人与人之间的所有行为都被定性为市场化行为，里面不再存在情感，而且界限十分清楚。这里的交换是黑白分明的：工资、价格、租金、利息以

及成本和赢利。当达成约定时，我们就得按照白纸黑字的协议执行。这时，我们就不是帮忙搬家了，而是用劳动去换取报酬，一定得让顾客称心如意，与此同时他人就得及时付款。

志愿活动更多只是帮帮忙，力所能及地帮助他人，这是社会规范守则主导的。当我们被告知我们的行为有丰厚的报酬，我们的行为就变了性质，这无疑是与崇高的志愿精神相抵触的。当我们的社会规范意愿被商业侵犯的时候，行为的市场属性无形中打击了我们的积极性。当社会规范被市场规范所取代，便产生了另一个矛盾。我们往往认为志愿者的劳动是无价的，就算再多的报酬也被认为是配不上个人的付出的，明码标价是对义务劳动的侮辱。

但这种关系未必是邪恶与卑俗的——事实上，它同时也包括了自立、创新以及个人主义，只是放错了位置。如果我们处在由市场规范行为守则的世界里，按劳取酬——它从来就是理所当然的。

行为规范守则的错位，导演着这种怪诞的心理。社会规范下，我们干活赚钱不高兴，这不是因为我们犯贱，而是因为用错了行为守则去看待问题。市场规范下，我们白干活不仅会不高兴，还会演变为劳资纠纷。行为规范守则就像是我们学生时代遵守的《日常行为规范守则》，小学的不能与大学的混用。持有不同规范守则，就会有迥异的心理反应，它们是不可调和的，却可以互相制衡，互相转变。

岳母准备的晚餐你能付费吗

大年三十，我们在岳母家参加家庭宴会。看着她精心准备了一下午的丰盛晚餐，鲜美的白切鸡、香脆的烤鸭，一家人吃得不亦乐乎。餐后是她拿手的黑芝麻糊汤圆。

节庆的氛围一直持续到凌晨倒数。时间差不多了，我稍稍放松下心情后，啜上一小口茅台酒，感激地注视着岳母，然后诚心诚意地说声："妈，您辛苦了。为了表达我对您的感谢，我给您500元吧。"

这场景会发生什么事？美国著名插画家诺曼·洛克威尔的画表现过类似的主题。一杯葡萄酒被打翻了，岳母大人满脸通红站了起来；小姨子怒目相向；外甥女哭了起来。

这是怎么回事呢？为什么我们提出直接付款，会让聚会的人们如此扫兴？有"英国大众心理学传播第一教授"之称的理查德·怀斯曼教授总结出这样的结论：我们同时生活在两个不同的世界里：其中一个世界由社会规范主导，另一个则由市场规范来制定法则。社会规范包括人们之间互相的友好请求。另一个世界与此截然不同，为市场规范所统治。

把亲人的社会规范当作市场规范，当然会惹怒众人。

从心理上说，我们可以这样理解。社会规范指的是人与人之间交往的普遍准则，例如，互相帮助，互相关心，社会规范一般是友好的，界限不明的，不要求即时回报的，社会规范下的行为偏离靠内疚等情感因素矫正。另外一种则是市场规范，市场规范下的人际关系界限十分明确，就是你付我多少报酬我给你干多少活，简单地说就是在商言商。

社会规范更像是一种感性规范，强调的是情感上的认同，而市场规范则偏重于理性，强调物质上的回报。

我们不由得发现，因为没有顾虑到社会规范和市场规范的差异心理，往往会使我们陷入交际的困境。

礼品如何发挥平衡作用

我们可以用行为规范心理的社会性和市场化来解释日常生活中的各种怪诞心理，那么我们能不能找到两者的一个平衡点形成一个行之有效的方法“控场”，使之为我们所用。社会规范规避金钱，市场规范渴望金钱，如果能在两者之间建立一个缓冲点，或许就能达到一个很好的平衡。

有心理学家就提出了礼品。礼品既规避了赤裸裸的金钱利益，又富含了真金白银的内涵。那么礼品在社会规范和市场规范中又是怎样的一个位置？同样是分成三组，在一个电脑屏幕的左边会出现一个圆圈，右边是一个方框。参与者的任务是用鼠标把圆圈拖到方框里去。记录下在5分钟内能拖多少。不过这三组分别得到的报酬换成了，一大块的巧克力；一小块的巧克力；什么都没有。

参与者们进行实验之后，我们看到这样的结果：参加实验的三个组干得同样出力，不管得到的是一小块巧克力（这组参与者平均拖了 162 个圆圈），还是一大块巧克力（这组参与者平均拖了 169 个圆圈），或者什么也没有（这组参与者平均拖了 168 个圆圈）。

赠送礼品并没有引起他们的不快，因为即使是小礼品也能把我们保持在社会规范守则里，脱离市场规范。

但是，如果我们把这两种规范的标志混合起来，会怎么样？换言之，如果我们说要给他们一大块巧克力价值 50 元，一小块巧克力价值 5 元，参与者们会怎么样？价值 50 元的巧克力会让他们像之前一样出力吗？或者使他们变得心不在焉，就像拿到 50 元时一样？或者可能在这两者之间？

结果是，参与者拿到被称为价值 50 元的巧克力以后一点也没有受到激励，事实上他们干活出的力和拿 50 元的时候一样。他们对明码标价的礼品的反应与现金完全相同；礼品失去了唤起社会规范的功能，它越过边界进入了市场规范的领域。

这就像是我们问过路人是否愿意帮我们从卡车上卸一个冰箱。我们得到了同样的结果。路人愿意不要钱地帮忙，也愿意拿相应的报酬来干活；但我们给的报酬太少，他们就扬长而去。礼品在这里发挥同样功效，给人们送个礼品，即使是小礼品，也足以让他们帮忙；但一说这礼品值多少钱，价低了，他们随即转身离开。

这就是为什么我们想要报答某人的时候，请他吃个饭会比直接送钱来得轻松愉快。情人节为伴侣精心准备的小礼品，会让情人更能感受到你的风情万种。一份不需要太贵但是精致的小礼物，迅速就能打散人与人之间金钱联系的尴尬，使市场规范行为心理转变成社会规范行为心理。

鱼与熊掌不可兼得

善用人的社会规范心理能促进人的能动性，但并不是一劳永逸的。如果我们是公司，更需谨慎对待与客户之间的社会性关系。社会规范和市场规范，鱼与熊掌不能兼得。我们不能一会儿拿客户当作一家人，过一阵又公事公办。如果我们需要社会性的关系，我们大可以去寻求，但是无论何时何地都必须维持它。

越来越多的公司进一步模糊了朝九晚五的工作日概念，进而采用弹性工作制。在这种每周 7 天每天 24 小时的背景下，社会规范有更大的优势：可以让员工工作有热情，变得更勤奋。在市场规范下雇员对雇主的忠诚度常常会减弱，而社会规范是激励员工、保持忠诚的最好办法。

在如今的市场中，我们可以随时随地构造自己的创意和想法，制造无形的东西。工作与休闲的界限也已经模糊起来，员工在开车回家的路上，在淋浴间里也想着工作。善于营造社会规范的公司就会给员工配笔记本电脑、移动电话等来消除工作场合和家庭的界限。

比如软件领域，开放源代码软件开发显示出社会规范的潜力。

在 Linux 和其他协作项目中，人们可以把关于问题的帖子发表在任何一个论坛里，随后很快就有很多人回帖，告诉发帖者如何修复软件。应征者用的是休闲时间，发帖人不需要偿付这种服务。但是，如果想要花钱雇同样水平的人，很有可能会碰到狮子大开口的人。相反，这些网络社区里的人们都乐意把时间贡献给整个社会。

这些愿意在网络发布源代码的网友，从中获取的是社会收益，就和我们帮朋友粉刷房子一样，属于社会规范领域的心理。这可以说是创建社会规范的典范模式。

有些公司与员工创建社会规范取得成功，但并不是每个人都可以摆脱追逐短期利润、苛刻的成本削减等困扰，这种困扰可能会把所有努力成果破坏。在社会规范中，人们相信，如果他们出了什么问题，另一方会站出来保护和帮助他们。这种信念没有写在合同里，但它是一种道义责任，在需要的时候提供关怀和帮助。

公司方面若想用市场规范的思维来保持社会规范，也就是用成本来建立社会规范，这是异想天开，二者是不能兼而有之的。如大幅削减雇员福利，儿童福利、养老金、弹性时间、健身房、餐厅、家庭野餐等方面，这极有可能从社会交换领域付出代价，从而影响员工的生产力。医疗福利等的削减很大程度上会把公司与雇员的社会性关系转向市场关系。

如果公司方面想从社会规范的优势上得到好处，它们必须做出更大的努力来培育这些规范。医疗福利，特别是综合医疗保险，是公司表达它们社会规范意愿的最好方式之一。鱼与熊掌兼得的妄想，通常会演变成：一边在要求提高保险计划的免赔率，一边又在缩小享受福利的范围。

简言之，这些都无疑是在破坏雇员与公司之间的社会契约而代之以市场规范。由于公司方面首先掀起了台面，迫使雇员们从社会规范滑向市场规范，那么当雇员有了更好的机会跳槽时，当然就没有义务留下。到底是要鱼还是要熊掌，通过对效果的预判，决定着我们对社会行为规范心理的重视态度。

同时，社会规范一旦被市场规范打败，那么要想重建社会规范则是一项非常困难的事情。一旦这朵盛开的玫瑰从枝头落下，一旦社会规范被市场规范打败，它很难再发挥任何效力。因此，企业如果选择将社会规范作为企业的准则的话，那么最好一直保持，不要改变，如果选择市场规范的话那就在商言商，不要再试图建立情感的纽带。

罚款对杜绝迟到有效吗

日常生活中，我们可以说每时每刻都处于管理活动之中，惩罚是管理行为中不可或缺的手段之一。我们熟知的国际大都市香港，在城市管理中，巨额的罚款在很大程度下遏制了各种不文明行为，诸如随地吐痰、乱丢垃圾等。但是，罚，在社会规范中是否就一定有效呢？

加州大学圣迭戈分校教授尤里·格尼齐和明尼苏达大学教授奥尔多·吕斯提切尼对从社会规范转到市场规范案例的长期影响做了巧妙的测试。他们在以色列的一家幼儿园进行实验，看运用罚款措施是否能有效减少某些家长接孩子迟到的现象。

结果他们发现，罚款的效果并不好，甚至还带来了长期的负面效应。这是为什么呢？实施罚款之前，老师和家长之间是社会的关系，是用社会规范来约束迟到的。因此，如果家长迟到了，有时家长还会对此感到内疚，这种内疚迫使他们以后准时来接孩子。但是一旦实施了罚款，幼儿园就无可挽回地用市场规范取代了社会规范。既然家长们为他们的迟到付了钱，他们就用市场规范来诠释这件事了。换言之，既然有了罚款制度，他们就可以自己决定早来还是晚来了。

更令人觉得不可思议的是，当幼儿园取消了罚款，就是说幼儿园想要把局面换回到社会规范中去，但家长们并没有因此而回到社会规范局面上来，取消了罚款，家长们继续在接孩子的时候迟到。归根结底，这是因为幼儿园

与家长间的社会规范和市场规范都取消掉了。

一旦社会规范与市场规范发生碰撞，社会规范就会退出。当我们意识到问题的时候，却无奈地发现社会规范并不能重建。只要想到金钱，我们的行为就变得远离我们日常生活中所呈现出的社会性特征。

明尼苏达大学教授凯瑟琳·福斯、佛罗里达州立大学研究生尼科勒·米德和不列颠哥伦比亚大学研究生米兰达·古德用一系列别出心裁的实验对此做了探索。

他们要求参与者们在实验中完成“造句任务”的数据录入工作，就是把单词的顺序重新排列，组成句子。其中一组参与者的任务是基于一些中性词语（例如“天气”）；另一组则是一些与钱有关的词语（例如“高薪”）。

在一次实验中，参与者做完了句子重组练习，主持人又出了一道很难的智力题，要求他们把 12 个圆盘安装到一个方框里。主持人随后就离开实验室，不过提醒参与者如果需要帮助，可以去找他。最后用“高薪”造句的那一组苦思冥想了五分半钟才求助，而用“中性”造句那一组大约三分钟后就去求助了。因此，想到金钱，使得做“薪金”句子的那一组参与者更加自立而不太愿意求助。

“高薪”一组的参与者显示了很多市场特点：他们更加自私并且自立；他们想有更多时间独处；他们更愿意挑选需要单打独斗的工作而非团队合作的任务。像这样有了钱的意识就足以改变参与者的行为，更何况那些直接接触金钱的人。

为何我们的请求常常事不过三

我们同时生活在社会规范和市场规范两个世界里，这一事实还从很多方面关系到我们的生活。我们都不时地需要有人帮我们搬搬东西，替我们照看几个小时的孩子，或者在我们出城时替我们收一下邮件。怎样才能更好地激励朋友和邻居帮助我们？付钱吗？有的时候，如果处理不当，存在着把关系推向市场交换领域的危险。

或许我们可以思考以下几种方式：请朋友帮忙搬一件大家具或者几个箱子是可以的，但请他帮忙搬一大堆箱子或家具就不可以，特别是我们让他做着和我们花钱雇来的人干一样的活儿。同样地，请我们的邻居在我们度假的时候收邮件是可以的，但是我们让他花同样时间为我们免费起草文件，那就不可以了。

当我们有求于人时，一来一往的过程就会形成社会规范的心理领域。但如果我们一而再、再而三地利用建立的社会规范得寸进尺地要求更多时，无论是再铁的哥们儿的情感性社会规范也是会轻易瓦解的，正如我们俗语说的一样，亲兄弟明算账。

社会规范和市场规范的微妙平衡不仅表现在人与人之间的关系中，在商界也很明显。比如一些公司试图把自己推销成顾客在社会交换领域的同伴，也就是说，他们想让大家认为他们和我们同属一个大家庭，起码是朋友，是一条船上的旅客。

全家（Family Mart）作为亚洲最大的两所便利店之一，以“服务力 NO.1”自我要求，用认真、负责、诚恳的态度，让自己成为顾客最想接近的人，提供让顾客觉得有趣的事，提供顾客喜爱的商品和服务，让每一家全家便利店都能使顾客感受到最满足、亲近及舒适的优质服务。

他们提出“全家就是你家”的服务口号。

“全家”便利店所做的努力，全都是为了让“全家”成为顾客最想要亲近的所在。

如果顾客和公司成了一家人，公司会从几方面获利，其中最大的是使顾客忠诚。轻微的损害、搞错账单等会得到宽容。彼此关系总是有起有落，但总体上还是相当有好处的。不过如果双方都以为从此就可以一而再、再而三，那就大错特错了。尽管公司方面在营销和广告上倾注了数十亿美元来打造社会性关系，起码是制造一种社会性关系的印象，但它们似乎不懂社会性关系的本质，特别是它的风险。

假如一位顾客要求退货怎么办？如果双方关系在市场规范内，那么可以协商解决，但是总不是每一笔货物出了问题都可以退换。生意归生意，由此就会引起各种利益冲突。尽管大家都还在社会规范内，但一大笔的钱财损失，不是经理出面调解就可以结束纷争的。没能达成共赢的协商，最终会损害双方关系。消费者会把它当作个人恩怨，他们会气冲冲地离开，连续几个小时向亲朋好友抱怨这家公司多么差劲。为什么会出现这样的情况呢？

主要是这种情况就跟事不过三的请求一样，说到底，这种关系是在社会规范交换的框架之内，不管商家提供多少精美礼品，打出多少贴心的标语，做出多少友好的表示，只要有一次违反社会交换原则就会使消费者又回到市场交换领域。

第九章

销售陷阱：为什么便宜的东西让我们花更多的钱

为什么越“限购”越好卖

每个人多多少少都会有逆反心理。在消费过程中，我们也经常能够发现这样的情形，销售人员越是苦口婆心地把某商品推荐给顾客，顾客就越会拒绝。因此，商家就巧妙地抓住顾客的消费心理：商家越是不卖，顾客就越想买；越是限购的商品，反而会卖得越好。

我们会有这样的体会，当我们对于某商品特别感兴趣的时候，想要摸摸质地，而这时销售人员过来说：“不好意思，我们的样品是禁止触摸的！”这时我们的心里立刻会变得反感：为什么不能摸，我不仅要摸，我还要买呢！结果这个顾客很可能因对商品的强烈好奇心受到了阻碍，而买下这个商品。

在这种情况下，当顾客的心理需要得不到满足的时候，反而会更加刺激他强烈的需要。比如，人们往往对于自己越是得不到的东西，越想得到；越是不能接触的东西，越想接触；越是不让知道的事情，越想知道。

在现实生活中，也有很多销售人员不懂得顾客的逆反心理，在销售过程中，总是片面地、滔滔不绝地介绍产品，而不顾顾客的感受，结果只能是一次又一次地遭受到顾客的拒绝。

华先生是当地的名流，但他的私家车已经用了很多年，最近频繁发生故障，于是决定换一辆新车。这一消息被一些汽车销售公司得知，于是很多的销售人员都来向他推销轿车。

每一个销售人员见到华先生，都无一例外地介绍自己公司的轿车性能多么好，多么适合他这样的人士使用，有的销售人员甚至还嘲笑说："你的那台老车已经破烂不堪，不能再使用了，否则有失你的身份。"华先生听到这样的话，心里特别反感和不悦。

销售人员的不断登门让华先生感到十分烦躁，同时也增加了他的防御心理，他想这些人的目的只是推销他们的汽车，还说些不堪入耳的话，完全不顾自己的感受，我就是不买。于是，任凭销售人员如何吹嘘，华先生就是不动声色。

当所有的销售人员都失败而归时，杨帅主动要求前去拜访华先生，经理尽管不相信他能成功，但还是让他去试试。两人一见面，华先生心里就打定主意，不管他怎么说就是不买他的车，坚决不上当。

可是，杨帅只是对华先生说："我看您的这部老车还不错，起码还能再用上一年半载的，现在就换未免有点可惜，我看还是过一阵子再说吧！"说完给华先生留了一张名片就告辞了。

杨帅的言行和华先生所想象的完全不同，因此其逆反心理也逐渐地消失了。经过思考，他还是觉得应该给自己换一辆新车。于是一周以后，华先生拨通了杨帅的电话，并向他订购了一辆新车。

由此可见，容易引起顾客逆反心理的原因是对立情绪。在实际销售中，很多销售人员往往为了尽快签单，而一味穷追猛打，以为通过热情轰炸就可以把顾客搞定，但是这样很有可能会起到相反的效果。这样的话，销售人员把自己的产品说得越好，顾客越觉得是假的；销售人员越是热情，顾客越是觉得他虚情假意，只是为了骗自己的钱而已。

逆反心理既会导致顾客拒绝购买你的产品，相反也会促使其主动购买你的产品。上述案例中的杨帅就是从相反的思维方式出发，消除顾客对销售人员的逆反心理，从而使他主动购买自己的产品。

因此，销售人员在向顾客推销产品的时候，一方面要避免引起顾客的逆反心理驱使其拒绝购买自己的产品；另一方面，还要学会刺激顾客的逆反心理，引发顾客的好奇心，让顾客产生强烈的购买欲望，你不卖他就会非要买，从而从正、反两方面来调动顾客的积极性，使自己的销售工作获得成功。

“免费”让我们买了不需要的东西

每当节假日时，我们都能看到商场里提着大包小包满载而归的人们。如果问起这些物品的实用价值，人们通常会说：“反正很便宜，先买了再说。”事实上，人们所购买的这些物品有些并不是自己所需要的。但人们为什么常购买自己不需要的物品呢？看到各商家推出的广告，我们就明白了。“购买商品满 98 元，免费赠送食用油一瓶”“满 200 元减 50 元，买 300 元减 80 元”“购买巧克力满 50 元，赠送泰迪熊”……

试想，当看到这样的消息时，我们怎么会不心动呢？有的人甚至为了得到免费赠送的东西而购买指定的商品，可往往将商品买回来后却发现这些东西，其实自己并不需要。为什么会出现这样不理智的行为呢？

贪图便宜是人们常见的一种心理倾向。很多顾客对打折的商品、免费的商品可谓是趋之若鹜。

物美价廉永远是大多数消费者追求的目标，很少听见有人说“我就是喜欢花多倍的钱买同样的东西”。通常情况下，人们总是希望花最少的钱买最好、最多的东西，如果有免费赠送的，更觉得是额外的收获，喜不自胜。这都是人们占便宜心理的一种生动表现。

其实在日常生活中，我们也经常会做这样的事情：为了一张

优惠券而到某商场去消费，结果换回一包免费的咖啡豆；为了获得免费赠送的小礼品，而在该商场消费千元以上。然而，最后我们却发现自己并不喜欢吃咖啡豆，小礼品也不是自己十分需要的。这样，我们就不难解释，为什么人们总是会不由自主地抢购自己并不需要的东西了。

福特公司的抽奖活动——活动促销

20 世纪 70 年代，美国经济不景气，人们的收入水平普遍有所下降，各家庭已经不再像从前那样经常频繁地购买和更换汽车了。几乎所有汽车公司的汽车销售量都有所下降，福特汽车公司的领导人意识到，如果不设法开创新的局面，公司的前景将会非常黯淡。

福特汽车公司在经过一番仔细的市场调研之后，发现最有可能购买福特汽车的客户，是那些已经拥有了福特汽车的家庭，因为他们了解并信任福特汽车的品质和性能，在接受调查时都纷纷表示如果有可能，愿意再买一辆新的福特汽车。于是，福特汽车公司决定将这次促销的目标顾客定位在过去四年中所有已经购买了福特汽车的老客户。

为了吸引这些老客户，福特汽车公司在全国各大主要媒体，例如，报纸、电视台、广播等上面进行了铺天盖地的广告宣传，向他们发出了福特汽车促销的信息；同时，为增加对老客户的吸引力，福特公司还专门设置了 80 万个奖项，希望老客户光顾福特汽车的各家专卖店，借此来制造福特汽车热销的浪潮。具体安排促销内容如下：

向老客户直接邮寄函件，里面附有当地经销商的汽车维修折价券。

在向老客户直接邮寄函件的同时，寄出数以万计的抽奖券，并在抽奖券上说明此次奖品共计 1000 万美元，欢迎大家踊跃参加。

在广告宣传中说明头等奖赠送两辆福特汽车，此外还有许多其他的奖品。如果所中的奖品没有被领走，可以继续抽奖，直到被领走为止。

福特汽车公司开展这次抽奖促销活动的目的，一方面是增加福特汽车的销售量，另一方面也可以促进福特汽车的维修业务，掌握用户对福特汽车的意见，加强同汽车专卖店的联系，使这些专卖店积极配合福特汽车公司的促销活动。

抽奖促销活动举行之后，福特汽车公司的上述各项目标基本实现，有的甚至出人意料。例如，有超过 30 万的新老顾客前往福特汽车公司的各家专卖店参观展览，大约有 10%的人购买了新的福特汽车，使福特汽车的销售量比上年增加了 30%；同时，经销商的参与率也比上一年增加了 1 倍多，从而大大提高了福特汽车公司的知名度，加深了福特汽车在消费者心目中的印象。

福特公司采用的是活动促销中的“抽奖促销”，通过抽奖的方式，吸引顾客的注意与参与。抽奖与促销是指顾客在购买商品或消费时，对其给予若干次奖励机会的促销方式。可以说，抽奖与摸奖是消费加运气并获得利益的活动。这种促销活动的其他形式还有很多，如刮卡兑奖、摇号兑奖、拉环兑奖、包装内藏奖等。

除了抽奖促销外，活动促销还包括新闻发布会、商品展示会、娱乐与游戏、制造事件等。

新闻发布会，活动举办者以召开新闻发布的方式来达到促销目的。这种方式十分普遍。它是利用媒体向目标顾客发布消息，告知商品信息以吸引顾客积极去消费。

商品展示会，通过举办展销会、订货会或自己召开产品演示会等方式来达到促销目的。这种方式每年可以定期举行，其不但可以实现促销目的，还可以沟通网络，宣传产品。这种方式亦可以称之为“会议促销”。

娱乐与游戏，通过举办娱乐活动或游戏，以趣味性和娱乐性吸引顾客并达到促销的目的。娱乐游戏促销，需要组织者精心设计，不能使活动脱离促销主题。特别是当产品不便于直接广告的情况下（如香烟），这种促销方式更能以迂为直，曲径通幽。如举办大型演唱会、赞助体育竞技比赛、举办寻宝探幽活动等。

制造事件，即通过制造有传播价值的事件，使事件社会化、新闻化、热点化，并以新闻炒作来达到促销目的。“事件促销”可以引起公众的注意，并由此调动目标顾客对事件中关系到的产品或服务的兴趣，最终达到刺激顾客去购买或消费。如果制造出的事件能够引起社会的广泛争议，那么，“事件促销”就会取得圆满结果。

销售过程中的尴尬与技巧——以诚动人

正值家电卖场淡季，一位表情严肃的顾客走进某家电销售专区。

销售人员小赵："先生您好！欢迎光临 ×× 家电大卖场，我们正在搞淡季大促销活动，请问您需要购买什么家电？"

顾客看都没看小赵一眼，径自走进家电卖场。

小赵有些尴尬，然后就在距顾客四米远处不时观察顾客的需求。

没过多久，顾客看了一会儿，摸了摸一款数码摄像机。

销售人员小赵忙上前去："呵呵！您要购买相机啊，这款相机正值厂家促销，是今年柯达公司力推的主力机型，像素 1200 万，防抖功能很好……"

"哦！我随便看看。"顾客打断了小赵的介绍。

过了几分钟，顾客什么也没说就走出了家电卖场。

销售员笑颜以对，可顾客却毫无反应、一言不发或冷冷回答一句"我随便看看"，这种场面其实非常尴尬。因为这类顾客对销售人员的冷淡往往是出于情感上的警戒，要化解这种警戒，销售人员应该从顾客行为中尝试分析顾客类型，然后利用情感感化法朝着有利于活跃气氛和购买的方向引导。

作为销售人员，每天都能遇到这样的顾客，冷冰冰地进来，对销售员爱答不理，顶多抛出一句"我随便看看"，让销售员热脸贴了冷屁股，场面比较尴尬，不知道如何是好。其实，这些类型的顾客不外乎以下三种情形：

一是对要买的产品比较熟悉，没必要让销售人员介绍，自己看就行了，顶多讨价还价和支付的时候需要销售人员。

二是顾客只是来收集一下所要购买产品的信息，比如要购买的产品到底是什么样子的，各家卖场报价是多少等各种对比信息。

三是随便逛逛，看着玩。

因此，针对不同的顾客，销售人员应该采取不同的方法来接近顾客，而不是一种方法撞到南墙不回头。

很明显，“没关系，您随便看看吧，需要什么帮助叫我就行”之类的话是错误的，因为销售人员没有主动去顺势引导顾客需求，从而减少了顾客购买产品的可能性。

此外，顾客对销售人员都有戒备心理，生怕刚来就中了销售人员的圈套，因此他们都对销售人员非常消极。作为销售人员，你可以尝试从以下几个方面接近顾客：

找好接近顾客的时机。这个时机往往不是在顾客刚进店的时候，而是在顾客浏览商品时对某一件家电比较感兴趣的时候，此时你可以根据顾客感兴趣的商品，大致联想出顾客想要什么类型的商品，因势利导，成功率往往会比较高。

在顾客挑选商品的过程中，不要像盯贼似的跟着顾客，更不要顾客跑到哪里销售人员就跟到哪里；不要问一些无关痛痒的话题。

在一段时间后要尝试积极引导顾客。如果再次询问顾客时顾客还是回答“我随便看看”，销售人员就要尽量朝着有利于活跃气氛的方向进行。

面对冷淡型顾客，销售人员的信心常会被对方冰冷的口气摧毁，或者被对方的沉默不语打垮，其销售热情也会降到零点。其实顾客冰冷的口气并不代表顾客是个毫无情感的人。销售人员需要做的就是用情感去感化他们。

推销的失败与成功——洞察关注点

书店里，一位父亲想给孩子买一些百科读物，销售员过来与他们交谈。以下是当时的谈话摘录。

客户：“这套百科全书有些什么特点？”

销售人员：“你看，这套书的装帧是一流的，整套都是这种真皮套封烫金字的装帧，摆在您的书架上非常好看。”

客户：“里面有些什么内容？”

销售人员：“本书内容按字母顺序编排，这样便于资料查找。每幅图片都很漂亮逼真，比如这幅，多美。”

客户：“我看得出，不过我想知道的是……”

销售人员：“我知道您想说什么！本书内容包罗万象，有了这套书您就如同有了一套地图集，而且还是附有详尽地形图的地图集。这对你们一定大有用处。”

客户：“我是为孩子买的。”

销售人员："哦，原来是这样。这套书很适合小孩子的。它有带锁的玻璃门书箱，这样您的孩子就不会将它弄脏，小书箱是随书送的。我可以给您开单了吗？"

（销售人员作势要将书打包，给客户开单出货。）

客户："哦，我考虑考虑。你能不能找出其中的某部分比如文学部分，让我们了解一下其中的内容？"

销售人员："本周内有一次特别的优惠抽奖活动，现在买说

不定能中奖。”

客户：“我恐怕不需要了。”

对客户来讲，“值得买的”不如“想要买的”，客户只有明白产品会给自己带来好处才会购买。在销售时，如果销售人员只把注意力放在销售产品上，一心只想把产品推给对方，甚至为了达到目的不择手段，这样，失去的可能比得到的更多。因为你可能推出了一件产品，但从此失去了一个客户。

这位销售人员给客户的感觉是太以自我为中心了，好像他需要的就是客户需要的。他完全站在自己的角度上对产品进行理解，然后强加于客户，让客户感觉：这样的书是你需要的，而不是我需要的。

以上的失败只是源于销售人员的疏忽，他自顾自地说话，没有仔细想一想对方的需求，其实客户已给过他机会，只可惜他没有及时抓住这样的信息。因此，一场不欢而散的谈话所导致的失败结局也就在所难免。

所以，在推销某一产品的时候，销售员不要只是说明产品的特点，而要强调产品能为客户带来哪些好处。

客户张科长：“我10分钟后还有一个会议要开。”

吴昊：“好的，张科长，我会在10分钟内把更适合贵企业的建议案说完，绝不耽误您的时间。”

“一辆好的配送车，能比同型货车增加21%的载货空间，并节省30%的上下货时间。根据调查显示，贵企业目前配送的文具用品体积不大，但大小规格都不一致，并且客户多为一般企业，数量多且密集，是属于少量多次进货的形态。一趟车平均要装载50家客户的货物，因此上下货的频率非常高，挑选费时，并常有误拿的情形发生。如何正确、迅速地在配送车上拿取客户采购的商品，是提高效率的重点。这点张科长是否同意？”

张科长：“对，如何迅速、正确地从配送车上拿出下一家客户要的东西是影响配送效率的一个重要因素。”

吴昊：“配送司机一天中大部分时间都在驾驶位上，因此驾驶位的设置要尽可能舒适，这是配送司机们一致的心声。”

张科长：“另外，车子每天长时间在外行驶，车子的安全性绝对不容忽视。”

吴昊：“张科长说得很对，的确，一辆专业配送车的设计，正是要满足上面这些功能。本企业新推出的××型专业配送车，正是为满足客户对提高配送效率而专门开发设计出来的。它除了比一般同型货车超出了15%的空间外，并设计有可调整的陈放位置，可依空间大小的需要调整出0—200个置物空间，最适合放置大小规格不一致的配送物，同时能活动编号，依号码迅速取出配送物。贵企业目前因为受制于货车置货及取货的不便，平均每趟只能配送50个客户，若使用此种型号的配送车，可调整出70个置物空间，经由左、右门及后面活动门依编号迅速取出客户所要的东西。”

“配送车的驾驶座，如同活动的办公室。驾驶室的位置调整装置能依驾驶人的特殊喜好而做适当的调整。座椅的舒适度，绝对胜过一般内勤职员的椅子，并且右侧特别设置了一个自动抽取式架子，能让配送人员书写报表及单据，使配送人员能感到企业对他们的尊重。”

“由于配送车在一些企业并非专任司机使用，而采取轮班制，因此，车子的安全性方面的考虑更显重要。××型配送车有保护装置、失误动作防止、缓冲装置等。电脑安全系统控制装置，能预先防止不当的操作给人、车带来的危险。贵企业的配送人员也常有轮班、换班的情形，使用本车能得到更大的保障。”

张科长：“××型配送车听起来不错。但目前我们的车子还没到企业规定的汰旧换新的年限，况且停车场也不够。”

吴昊：“科长您说得不错。停车场地的问题，的确给许多成长的企业带来一些困扰。贵企业业务在处长的领导下，每年增长15%，为了配合业务成长，各方面都在着手提升业务效率。若贵企业使用××型配送车，每天平均能提升20%的配送量，也就是可以减少目前1/5的配送车辆，相对地，也可以节省1/5的停车场地。

“贵企业的车子目前仍未达企业规定的使用年限，淘汰旧车换新车好像有一些不合算。的确，若是贵企业更换和目前同型的车子，当然不合理，可是若采取××型专业配送车，不但可以因提高配送效率而降低整体的配送成本，而且还能节省下停车场地的空间，让贵企业两年内不需为停车场地操心。

“据了解，目前贵企业50辆配车中有10辆已接近以旧换新年限，是否请科长先同意选购10辆××专业配送车，旧车我们会以最高的价格估算过来。”

在吴昊充分进行了利益解说之后，客户同意签订购车合同。

在本案例中，吴昊通过对客户的调查发现了他们对配送车的需求特征，就是要提高效率。而提高效率的关键点在于客户配送的东西大小规格都不一致，导致每一辆车的装载量少、装卸速度慢。

在明确了客户的具体需求后，吴昊便有针对性地解说他们公司所提供的配送车的利益点："它除了比一般同型货车超出了15%的空间外，并设计有可调整的陈放位置……同时能活动编号，依号码迅速取出配送物。"

在客户说明原来的车还没有到企业规定的以旧换新的年限且停车场也不够时，吴昊更是抓住时机说明使用××配送车的利益点。最后，吴昊根据客户的实际情况，建议将其中10辆接近汰旧换新年限的车换成××型专业配送车。

在整个销售解说过程中，吴昊一直牢牢地把握住客户的需求并结合自己产品的特性和利益来解说××型专业配送车，让客户在利益需求思考下作出购买决定。

根据对实际销售行为的观察和统计研究，60%的销售人员经常将特点与好处混为一谈，无法清楚地区分；50%的销售人员在做销售陈述或者说服销售的时候不知道强调产品的好处。销售人员必须清楚地了解特点与好处的区别，这一点在进行销售陈述和说服销售的时候十分重要。

那么推销中强调的好处都有哪些呢？

帮助顾客省钱。

帮助顾客节省时间。效率就是生命，时间就是金钱，如果我们开发一种产品可以帮顾客节省时间，顾客也会非常喜欢。

帮助顾客赚钱。假如我们能提供一套产品帮助顾客赚钱，当顾客真正了解后，他就会购买。

安全感。顾客买航空保险，不是买的那张保单，买的是一种对他的家人、他自己的安全感。

地位的象征。如一块百达翡丽的手表拍卖价 700 万元人民币，从一块手表的功用价值看，实在不值得花费，但还是有顾客选择它，那是因为它独特、稀少，能给人一种地位的象征。

健康。市面上有各种滋补保健的药品，就是抓住了人类害怕病痛死亡的天性，所以当顾客相信你的产品能帮他解决此类问题时，他也就有了此类需求。

会听客户话外音的大卫——窥探心理动向

销售过程中及时领会客户的意思非常重要。只有及时领会客户的意思，读懂其弦外之音，才能有针对性地给予答复，消除其顾虑，并为下一步的销售创造条件。

大卫是伊蓝公司的销售人员，这个公司专门为高级公寓小区清洁游泳池，还包办一些景观工程。伊蓝公司的产业包括 12 幢豪华公寓大厦。大卫为了拿下这个项目和伊蓝公司董事长史密斯先生交谈。

史密斯："我在其他地方看过你们的服务，花园弄得还算漂亮，维护修整做得也很不错，游泳池尤其干净。但是一年收费10万元，太贵了吧？"

大卫："是吗？你所谓'太贵了'是什么意思？"

史密斯："现在为我们服务的C公司一年只收8万元，我找不出要多付2万元的理由。"

大卫："原来如此，但你满意现在的服务吗？"

史密斯："不太满意，以氯处理消毒，还勉强可以接受，花园就整理得不太理想；我们的住户老是抱怨游泳池里有落叶。住户花费了那么多，他们可不喜欢住的地方被弄得乱七八糟！虽然给C公司提了很多次，可是仍然没有改进，住户还是三天两头打电话投诉。"

大卫："那你不担心住户会搬走吗？"

史密斯："当然担心。"

大卫："你们一个月的租金大约是多少？"

史密斯："一个月3000元。"

大卫："好，这么说吧！住户每年付你3.6万元，你也知道好住户不容易找。所以，只要能多留住一个好住户，你多付2万元不是很值得吗？"

史密斯："没错，我懂你的意思。"

大卫："很好，这下，我们可以开始草拟合约了吧？什么时候开始好呢？月中，还是下个月初？"

史密斯："我对你们的服务质量非常满意，也很想由你们来承包。但是，10 万元太贵了，我实在没办法。”

大卫：“谢谢你对我们的赏识。我想，我们的服务对贵公司很适用，你真的很想让我们接手，对吧？”

史密斯：“不错。但是，我被授权的上限不能超过 9 万元。”

大卫：“要不我们把服务分为两个项目，游泳池的清洁费用 4.5 万元，花园管理费用 5.5 万元，怎样？这可以接受吗？”

史密斯：“嗯，可以。”

大卫：“那现在我们可以开始讨论管理的内容了吧？”

史密斯：“嗯，是的。”

大卫能及时领会史密斯的话，巧妙地做出适当的回应，并适时地提出利于销售的有效方案，使事情朝好的方向发展。如果大卫没有及时领会史密斯的意思，就无法很好地解除对方的疑虑。

对于销售人员来说，客户的某些语言信号不仅有趣，而且肯定地预示着成交有望。很多销售人员在倾听客户谈话时，经常摆出倾听客户谈话的样子，内心却迫不及待地等待机会，想要讲他自己的话，完全将“倾听”这个重要的武器舍弃不用。如果你听不出客户的意图，听不出客户的期望，那么，你的销售就会跟射错了方向的箭一样徒劳无功。

除了领会客户的话外之音，还需要掌握一些沟通技巧，从客户的话语中挖掘深层次的东西；而在领会客户的意思以后，要及时回答；当客户犹豫不决时，要善于引导客户，及时发现成交信号，提出成交请求，促成交易。

一件“减价”的貂皮大衣——把握价格策略

爱占便宜追求的是一种心理满足，无可厚非，且每个人都或多或少地具有这种倾向，唯一的区别就是占便宜心理的程度深浅。我们所说的爱占便宜的人，通常是指占便宜心理比较严重的那部分人。

销售过程中，这类客户不在少数，他们最大的购买动机就是是否占到了便宜。所以，面对这类客户，销售员就是利用这种占便宜的心理，通过一些方式让客户感觉自己占到了很大的便宜，从而心甘情愿地掏钱购买。

在英国有一家服装店，店主是两兄弟。在店里，一件珍贵的貂皮大衣已经挂了很久，因为高昂的价格，顾客在看到价格后往往望而却步，所以，这件衣服一直卖不出去。两兄弟非常苦恼。后来，他们想到了一个办法，两人配合，一问一答确认大衣的价格，但弟弟假装耳朵不好使将价格听错，用低于卖价很多的价格出售给顾客，遇到爱占便宜的人，大衣一定能卖出去。两人商量好以后，第二天清早就开始张罗生意了。

弟弟在前面店铺打点，哥哥在后面的操作间整理账务。一个上午进来了两个人，这个方法并没有奏效。到下午的时候，店里来了一个妇人，在店里转了一圈后，她看到了那件卖不出去的貂皮大衣，于是问道：“这件衣服多少钱？”作为伙计的弟弟再次假装没有听见，依然忙自己的。于是妇人加大嗓门又问了一遍，他才反应过来。

他抱歉地说：“对不起，我是新来的，耳朵不太好使，这件衣服的价格我也不太清楚。您稍等，我问一下老板。”

说完他冲着后面大声问道：“老板，那件大衣多少钱？”

老板回答：“5000 英镑！”

“多少钱？”伙计又问了一遍。

“5000 英镑！”

声音如此大，妇人听得很真切，她心里觉得价格太贵，不准备买了。而这时，店员憨厚地对妇人说：“老板说 3000 英镑。”

妇人一听，顿时非常欣喜，肯定是店员听错了，想到自己可以省下足足 2000 英镑，还能买到这么好的一件貂皮大衣，于是心花怒放，害怕老板出来就不卖给她了，于是匆匆付钱买下就离开了。

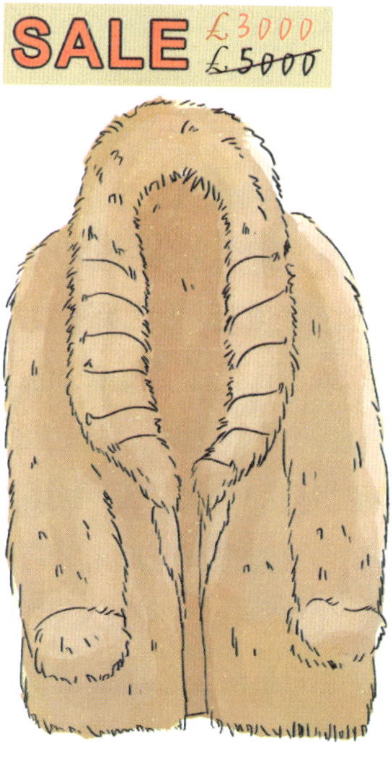

就这样，一件很久都卖不出去的大衣，按照原价卖了出去。

以上的案例中，两兄弟就是利用了妇人爱占便宜的心理特点，成功地将大衣以原价销售了出去。

对于爱占便宜型的顾客，可以善加利用其占便宜心理，使用价格的悬殊对比或者数量对比进行销售。占便宜型的客户心理其实非常简单，只要他认为自己占到了便宜，他就会选择成交。

利用价格的悬殊差距虽然能对销售结果起到很好的作用，但多少有一些欺骗客户的嫌疑，所以，在使用的过程中一定要牢记一点：销售的原则一定是能够帮助客户，满足客户对产品的需求，做到既要满足客户的心理，又要确保客户得到实实在在的实惠。只有这样，才能避免客户在知道真相后的气愤和受伤感，保持和客户长久的合作关系，实现双赢结果。

“您说的‘价值’，指的是什么”——捕捉客户下意识

销售员：“先生，您是说您想买一个教育性的玩具送人？”

客户：“对，得有一定的教育性。”

销售员：“我们的拼图玩具就是一个不错的选择。”

客户：“我可看不出一幅拼图有什么价值。”

销售员：“您说的‘价值’，指的是什么，是教育价值呢，还是金钱价值？”

客户：“对我来说，拼图可真是难得够呛，弄得我是焦头烂额，需要的拼块老是找不着。我还记得每次我只能拼出几种颜色，完整的一幅图我从未拼出过。”

销售员：“所以您就觉得拼图很困难，是不是？”

客户：“或许它并不是那么困难，只是因为我不知道怎样拼

罢了，现在的拼图是不是更容易些了呢？”

销售员：“您说得对，现在的拼图盒子的背面都有些拼法说明，文字通俗易懂，遵循这些说明做会很容易。上面对拼搭步骤写得很清楚。首先将所有的拼块放在一个平面上，然后再将相同颜色的分门别类地放在一起，接着从四个角开始，一块一块自外而内地拼搭。”

客户：“这样就好多了。我真希望几年前就有这样的说明（哈哈笑），那样的话拼起来就简单多了。对了，有什么图案的？”

销售员：“图案有几种，动物、植物，还有风景的。”

客户：“我比较喜欢风景的。这幅拼图共有多少块？”

销售员：“有 2000 块，得花 14 个小时才能拼完，但拼出来后会很漂亮。”

客户：“你认为小孩子能从中学到什么知识吗？”

销售员：“当然能了。拼图可是孩子学习和培养心理技能的一种很好的途径。”

客户：“你的意思是？”

销售员：“在孩子寻找正确拼块的过程中，会挑战其想象力，而在拼搭过程中，拼图又会挑战其逻辑能力。从四边向内心拼搭时，则能培养孩子的分析能力。它能培养孩子色彩协调的技巧及对拼块组合的节奏感，另外，它还有助于孩子们去创作。”

客户：“创作？此话怎讲？”

销售员：“他们看着盒子上完整的图像，接着开始一次一块地拼搭，而这需要坚持不懈。有时拼块能吻合，有时则不然。这样他们就学会了不断地去尝试，一直到拼出与盒子上的图像完全一致的图为止。这也正是我们在现实生活中创作的方式——坚持不懈，不断地进行尝试。”

客户：“（停顿了一下）我想你是对的。好，我买一盒风景图案的，这真是件很棒的礼物，下午能送到吗？”

销售员：“可以，要不要把它包装起来？我们这儿有很漂亮的包装纸。”

客户：“好的，谢谢你。”

在上述故事中，销售员建议客户买一幅拼图玩具送人，当听到客户说“我可看不出一幅拼图有什么价值”后，销售员反问了一句：“当您说‘价值’时，指的是什么，是教育价值呢，还是金钱价值？”这句回答重新组织了客户的问题，在无形中引导客户的思维发生下意识的转向。同时，这也让客户感觉到这个反问似乎是为了更好地回答自己的问题，比较重视这个问题，并且态度慎重，不是匆匆忙忙地回避自己的问题。

一般情况下，客户对销售人员都会有下意识的防备和排斥心理。这是许多销售人员都得面对的问题。但是高超的销售人员并不是抱怨，他们会以另外一种思维去控制客户的下意识，让坏的下意识发生偏转，朝着自己意想的方向走来。这其中的过程有点类似催眠，非常微妙，需要销售员们在实践中慢慢地体会、琢磨。

第十章

心灵保卫：为什么相爱容易相处难

为什么职场恋情容易发生

“办公室恋情”近年来越来越受到人们的关注。在日益繁忙的现代社会，办公室白领没有足够的时间去接触公司外的异性，越来越多的人将目光瞄向了自己的同事。

李小姐和男友原来在同一家公司工作，刚开始只是一般的同事，后来成了一对办公室恋人。公司明文规定同事间不准谈恋爱，不过真正谈起来也没人管，只是双方都觉得挺别扭的，于是李小姐辞职，另外找了一份工作。

人是一种非常有趣的动物。即使我们对对方（异性）完全不感兴趣，但是，如果对方在自己的私人空间中存在很长时间，我们也会渐渐对其产生好感。所以，职场中的异性同事之间，容易产生恋爱。因为在一个团队中的同事有共同的工作目标，一起加薪时可以分享彼此的喜悦，甚至连发牢骚、说坏话都能找到共同话题。长期相处下来，形成“心有灵犀”的默契也就不足为奇了。

还有一个因素是造就“职场恋情”的重要原因，那就是工作中适度的紧张状态。适度的紧张能够增强女性对男性的依赖度，从而加深男女同事之间的感情。而且，在紧张状态下努力工作的男性，在女性眼中充满了无限魅力。毫无怨言、埋头苦干的男性，给女性留下的多是强大、可靠的印象。女性在不经意间就会想：这样的男人，一定也能给我安全感。其实，很多女性想从男性那里得到的就是安全感，而男性努力工作的样子恰好可以使女性联想到这种感觉，因此会受到女性的青睐。

不过，办公室恋情也需要承受很大的压力。因为你们的一举一动都在“监视”中，也最容易遭到非议，因此需要尽量保持低调，最好不要当众表示亲昵或者眉目传情，不要做出任何让你们显得与身边人格格不入的举动。这样，你们的恋情才会更加安全、长久。

有些办公室情侣喜欢说些得了便宜还卖乖的话：“哎，我们每天都在一起，抬头不见低头见，真无聊。”小心被异地恋的情人们丢砖头。天天见面还整天待在一起的恋爱方式，确实非常适合那些缺乏安全感以及占有欲比较强的人。事实上，每个人都有占有欲，每个人都会缺乏安全感，所以多享受一下相伴相依的幸福，少抱怨一点没有隐私或者神秘感的缺憾吧。总之，理性看待办公室恋情才能帮助你职场情场两得意。

为什么暧昧让人欲罢不能

通常我们所理解的暧昧就是在没有确定恋爱关系之前的一种模糊的感情，或者指男女之间不明朗、模糊的关系。心理学上认为暧昧是一种幽暗不明的情境，是人在匆忙生活中似忙似闲的中间状态，是感情间远近难测的距离。暧昧分良性与恶性两种。良性暧昧指向爱情，至于后来能不能发展成爱情，那得看天时、地利、人和。恶性暧昧，就是为暧昧而暧昧，更多的是一种调侃爱情、游戏爱情的态度。

男人就坐在女人的对面，但女人却选择了短信的方式进行交流："于千万人中遇见你，只说一句，原来你也在这里。"收到短信，男人给女人回了条："我在佛前求了五百年，只为了今世的擦肩而过。"

下班的时候，女人对男人说："有没有吓一跳？别怕，那句话不是我说的，是张爱玲说的！"男人也笑着说："彼此彼此，我那条也不是我说的，而是席慕蓉的诗句！"

可是，他们彼此都嗅到了空气中暧昧的味道。

不少人认为，暧昧已经成为置身于红尘俗世中的现代人枯燥生活里的一勺调味品，是一种需要。没有身份的束缚，没有责任的压力，处于暧昧状态的人，从来不用为了恋人关系而去勉强自己。但是，暧昧又会让人觉得迷茫。因为我们还是渴求清晰明了的关系的。完美恋人基本上是不存在的。有些关系很好的情侣甚至夫妻，可能从来都没有说过一句"我爱你"，更没有明确提出过"做我的女（男）朋友好吗"这种要求，但是他们却无比幸福。只是，这种完美是可遇不可求的，所以就算非得用"正式的关系"去终结暧昧，我们也不用叹息，因为暧昧不可能维持一辈子，总有一天要结束。我们常常不敢确立恋爱关系，当然不是因为对方现在对自己不好，而是担心对方将来不会持续地对自己好。暧昧确实可以让我们"预支"本该是和对方在一起之后才能体验到的快乐，但试想一下，当你失去这种快乐的时候，难道就真的会比和正式的恋人分手要轻松得多吗？

所以我们也该看到：在没有确立恋爱关系的情况下，既然可以预支恋爱的甜蜜，那么也就无法拒绝失恋的痛苦。暧昧也许不用负责任，却同样需要付出代价！

那些所谓的情场老手，他们善于玩暧昧是因为他们可以把注意力集中在“不用负责任”上面，全力去享受追求“完美恋人”的刺激。他们是有经验的，知道说什么话可以让你脸红心跳、送什么礼物让你迷恋不已、做什么事让你招架不住。他们会说好听的话来欺骗你，同时也是骗自己，给双方造成完美的假象。但是当他们“清醒”之后，他们就会迅速脱身，把代价和痛苦留给你来承受。

暧昧不是每一个人都玩得起的，也许有些人能潇洒畅快地脱身，但更多的人深陷其中无法自拔。如果对一份感情明知无望，就不要让自己轻易走进暧昧的氛围中；如果有一份感情碰触不得，就劝诫自己不要盲目走进暧昧的世界里，你需要做的应该是冷静地确定与对方的距离。

热恋的心理距离

有人说热恋是保持青春永不衰老和保持精神永远年轻的良药。热恋能使人丧失理智，认为全世界没有任何不好的东西，就连平时的臭水沟也会突然之间香气四溢，灰色的老墙也笑逐颜开，平时小得不能再小的眼睛也忽然之间变大了，并且脉脉含情、光芒四射……

李斌是北京某医学院的研究生。他在去面试的车上结识了王艳，他对王艳一见钟情。于是，他对王艳展开了猛烈的追求。在得到王艳的接纳后，两人陷入了疯狂的热恋。几个月来，两人热情依旧，颇有燎原之势。在自己深爱的人和深爱自己的人面前，李斌感觉自己是天底下最幸福的男人。但是，脆弱的李斌却在心底潜藏着恐惧，他好担心王艳会突然弃己而去。

恋爱是甜蜜的，而热恋则可以将甜蜜继续升华。热恋中，一天不见恋人的面都难受。此时，彼此的感应是尤为强烈的。双方恨不得能随时随地交流、沟通，让对方分享自己的快乐与欢笑。在这时，即使热恋中的一方犯了很大的错误，另一方也往往会原谅。就因为时机的巧妙，就因为是热恋时刻，所以每个人的缺点都会随时消失，即使平时再好的朋友或父母去劝，也未必有效，只因为是热恋的时刻。其实，正因为这一时刻才有许多佳话产生，也为许多的悲剧埋下了种子、拉开了帷幕，因为身处其中的人此时乐昏了头而并未意识到危机的存在。进入热恋期后，初恋时小心翼翼地亲昵已被炽热的激情所取代，双方认为他们才是世界上最幸福的人，并深深地沉浸在两人世界中，容不下第三人，把对方看得无限美好。但是，如此强烈的感情一旦有什么“风吹草动”，出现什么不和与矛盾，往往就会发生剧烈的变化：真情变成了假意，美好的变成了丑恶的，爱变成了恨——爱有多深，恨就有多深。

一对恋人之所以会由初始的迷恋发展到以后的淡漠、惶惑甚至离异，可能就是因为随着双方不断熟悉，两人之间那种因神秘感、好奇心而表现出来的“心理距离”逐渐消失了，又没有再生，从而使得原先心目中深深崇拜的“偶像”走下了神台，变得平凡甚至丑陋了。因此，要想保持长久的甜蜜爱情，就一定要保持一定的心理距离。

首先，保持一份神秘感。神秘感会使对方在探索你的个性答案、万般风情的过程中保持永不衰退的兴趣。要培养这种神秘感，不仅要不断地完善自身的外在特征，还要不断地完善内在的人格，充实和更新知识，提高各方面的素质，加深思想上的修养，追求事业上的成就。只有这样，你才能不断向你的恋人呈现你积极向上、新的一面，才能像是一眼永不枯竭的泉，令人回味无穷。当然，保持神秘感要恰到好处，不能高深莫测地全方位封锁，若隐若现、蜻蜓点水最为美妙。

其次，相见不如思念。两个人整天像连体人一样形影不离，再丰富的情话也会暂时断流，没完没了地抚爱也难免感觉麻木。“黯然销魂，唯别而已。”一旦分开，人才会发现没有爱人的日子是多么寂寞、凄凉，“良辰美景虚设”，思念与日俱增，将来也会更加珍惜在一起的时光。俗话说:“小别胜新婚。”这是很有道理的。所以，你甚至可以刻意地拉开时空上的距离，例如和朋友、同事出去旅游、出差几天，以此来造成彼此心理上的距离，并且告诉爱人:“我离开你，只是为了去感觉想你的滋味。”

最后，不要忽视友谊。热恋中的情侣常常是“重色轻友”的，但人既需要爱情，也需要友谊。爱情不能取代友谊，而且爱情有时也需要友谊的帮助和扶持。两人世界无论多么值得留恋，久而久之双方的心灵也会因为缺乏友谊而感到空虚、闭塞。友谊能为爱情带来许多新的信息、新的感受。即使是异性友谊，只要是可信的，就不必排斥。如果对恋人的异性朋友采取粗暴、冷淡、猜疑、不尊重甚至敌对的态度，无疑会伤害大家的感情。

当然，保持“心理距离”并非故意让心灵疏远，故意在心灵设立屏障或防线。有距离才有吸引，但是，千万不要太远。距离产生美，掌握好热恋的距离是十分必要的。

失恋后的心理调节

失恋，就是恋爱的一方否认或中断恋爱关系，使对方因失去爱情而受到痛苦的心理挫折。这通常发生在那些曾经获得过某种程度、某种性质的“爱”，并为此做出过真心承诺或有较大的物质和精神投入的男女身上。他们在意想不到的情况下突然或不情

愿地与恋人分手，从而体验到一种内心的失落感、伤心感甚至痛不欲生之感。

失恋的人常有如下心态：

第一，羞愧难当，陷入自卑与迷惘，“从此无心受良夜，任他明月下西楼”，心灰意冷，走向怯懦封闭甚至绝望、轻生，成为爱情殉葬品。

第二，对抛弃自己的人仍一往情深，对逝去的爱情充满美好的回忆与幻想，自欺欺人，否认失恋存在而陷入单相思的泥潭，也有人会出现一种既爱又恨的特殊感情矛盾。

第三，因失恋而绝望暴怒，失去理智，产生报复心理——或攻击对方；或自残；或从此愤世嫉俗怀疑一切异性，看什么都不顺眼；或从此玩世不恭，得过且过，寻求刺激，发泄心中的不满。

既然失恋已经不可避免，陷入痛苦的泥淖痛不欲生依旧于事无补，不如调节好自己的心态，正视失恋，使自己从失恋的阴影中走出来。

1. 正视现实，不要纠缠与责难

如果他或她已经真的不爱你了，到了必须分手的时候，就不要纠缠着不放，纠缠也许会令对方一时难以逃脱，却更坚定了离开你的信念。不要再一味地责难，责难也许会让你感觉一时痛快，却可能粉碎曾经的美好回忆。更不要怪罪自己天生缺乏魅力，活在怨恨里会令你的生活更沉重。既然你已得不到所希望的那份真情，又何必再为她或他伤心劳神、浪费感情与青春呢？放弃一段已经死亡的情感，你也许仍会痛苦，却有了新的爱情空间，有了重新选择的机会。

2. 自我安慰

有时，也可以适当运用挫折合理化心理作感情转移。一种是“葡萄酸”心理，即缩小或否定个人求而不达的目标的好处，而强调其各种缺点，比如失恋了，就说对方不好，就好像狐狸吃不到葡萄而说葡萄是酸的一样。另一种是“甜柠檬”心理，即不是把目标的好处缩小，而是把目前的境况扩大，比如失恋了，可以说这更有利于集中精力学习、工作。这两种方法都可以暂时延缓你对不愉快的事情真相的接受，直至有了心理准备，能够正视现实为止。当然，自我安慰只是一种消极的方法，如果失恋后听任这两种心理支配而不能接受现实，那就无法从根本上解决问题。

3. 移情

及时适当地把情感转移到失恋对象以外的其他人或事上。可以把注意力分散到自己感兴趣的活动中，因为活动本身就是在冲淡心中的郁闷。失恋后，可与朋友发展更为密切的关系，可积极参加各种娱乐活动，释放苦闷，陶冶性情；可投身大自然，把自己融入大自然的博大胸怀。

4. 要懂得爱惜自己

要忘掉一段曾经真心付出的感情绝非一蹴而就的事情。不要太苛求自己，要给自己留出空间与时间。要知道，你的生命不光属于你一个人，还属于你的亲人、你的朋友和你的工作岗位。你必须珍惜自己，你没有权利自暴自弃。失恋了，就不必再挂念那个人了，正好可以多疼惜一下自己。

5. 做出不在乎的样子

失恋了，一点感觉也没有是不可能的，但表面上装作不在乎有利于控制自己的情绪，积极的自我暗示在这时候是非常重要的。你可以这样去暗示自己："对付负心人最好的办法就是让自己好好地活下去！"或者"是不是都要看我难过痛苦？没门！"又或者"他都不在乎了，我为什么要在乎？一定要镇静，当什么也没有发生过，只是梦醒了而已。"

6. 学会宣泄

失恋后，心中的空虚、寂寞会油然而生。此时，最好的办法是找你最好的朋友或师长，向他们诉说你的悲伤和烦恼。他们在倾听了你的诉说后，会很好地安慰你。如果你不善言谈，那么你可以奋笔疾书，让情感在笔端发泄，以释放自己的心理负荷，求得心理解脱。你也可关门大哭一场，因为痛哭是一种纯真感情的爆发，是一种自我保护性反应。另外，你还可以以运动等方式解除失恋带来的心理压力。

克服“婚前恐惧症”

如今，越来越多的准新人想结婚又怕进“围城”，一些即将举办婚礼的准新人由一直对婚姻殿堂的向往和憧憬，变成了婚礼之前的焦躁迟疑，甚至觉得难以面对婚姻、害怕婚姻。这并不是双方感情出了问题，而是有一方出现了“婚前恐惧症”。

一对男女打算在年底结婚，准新娘却似乎有些迟疑，口口声声不同意，说她害怕结婚。

她开始爱上频繁地转乘公车，即使几百米远的距离，她也希望有 2 次以上的转乘机会。她最喜欢乘那种大大的空调冷巴，以求快速回家。但回到家后，一看见请柬上有她和未婚夫的合影，她就赶快移开，呆呆地坐在地板上发愣。天天如此。

除了婚前恐惧症，她很难给自己目前的状态一个合理的解释。

据心理专家介绍，患婚前恐惧症的人群比例中，女性要大大多于男性，同时二者的恐惧因素也有很大差别。女性主要担心婚姻会产生变数，爱情不会长久。据社会心理学家介绍，婚前恐惧症是因为生活紧张，总渴望一种自由散漫的生活所致。而由于平时经常听到关于婚姻的探讨，特别是经常听到涉及夫妻矛盾和责任关系的话题，所以准新人很容易产生一种恐惧心理和逃避心理。尤其是现在婚前同居现象日益普遍，未婚青年对婚姻的期待心理更是相当程度地减弱了。由于同居而对婚姻失去新鲜感，对婚后责任产生更多考虑，所以更容易表现出对结婚的恐惧。婚礼的演变也是产生婚前恐惧心理的重要原因。以往结婚多为父母操办，而现在多是年轻人自己料理。结婚时很多繁杂的事务也会使年轻人产生心理疲惫感和恐惧感。另外，由婚姻带来的家庭重组更是必然会带来情感和经济上的摩擦和碰撞等，这也从侧面加剧了婚前恐惧症状。

婚前恐惧症对生活和工作都会有一定影响，通常表现为烦躁、脾气急、爱发火，有的人则沉默寡言。专家指出，如果担心不适应未来的共同生活，在出现一系列恐惧症状后，双方不妨经常到对方家里多坐坐，了解他（她）的家人，与对方以及对方的家人多交流，直接或间接地了解未来的家庭成员，该过程也是心理逐渐适应的渐进过程。对婚姻的持久性表示怀疑和恐惧时，要保持开放的心态，去跟对方沟通交流，进而打消这种疑虑。如果对方突然不愿意结婚，不要急着否定双方的感情，应该多问问其担心和顾虑的原因。如果协调好，对婚后的生活也是很有利的。

新婚心理调适

当恋人们带着美妙多姿的想象和天真烂漫的愿望步入婚姻的殿堂时，却发现在白色婚纱的炫目光影背后不再有罗曼蒂克的情调，而是平凡、单调的“锅碗瓢盆交响曲”。由天马行空到脚踏实地，理想与现实的极大落差很容易让新婚的人们陷入迷茫和困惑之中。因此，新婚夫妻需要正视婚后的心理变化与冲突，并及时调适。

1. 心理失落感调适

热恋与婚姻是有很大差别的，一下子从无忧无虑的浪漫跌进了琐碎、操劳的现实生活，许多新婚夫妻，尤其是妻子，会产生心理失落感。许多新娘子抱怨：恋爱时，男朋友总是主动请求约会，送到家门口；会牢牢记住自己的生日和情人节，并送上精心挑选的红玫瑰，为自己唱歌跳舞，大献殷勤；闹矛盾的时候，不管谁对谁错，总是小心翼翼地赔不是……可结婚后，他像变了个人似的，不像以前那么好了，原来他一直都在骗人。其实，并不是男方不好了，更不是什么欺骗，只不过他认为，成了家就该养家立业，只卿卿我我怎么行呢？于是他就将很大的精力投入工作与事业中，自然不像以往那么殷勤了。另外，恋爱时双方都注意给双方以良好的印象，较少显露出弱点和不足。婚后，随着生活的深入和时间的推移，双方各自的弱点逐渐暴露出来，也容易出现感情的摩擦，从而引起心理失落。解决这个问题，最关键的是双方要互相理解和体贴，不要强迫别人按照自己的意愿行事；要正确理解并接纳恋爱和婚姻的正常差别，努力保持激情与琐碎生活的平衡。

2. 性格与生活习惯的磨合

新婚之后的一段时间是两个人的“磨合期”。性格需要磨合，生活习惯也需要磨合。生活是由许许多多具体的生活琐事组成的。两个人的家庭出身、文化背景、性格特征、兴趣爱好都不尽相同，生活在一起难免发生矛盾，比如，一方喜欢整洁而另一方喜欢乱放东西；一方不修边幅而另一方有“洁癖”；一方节俭而另一方却大手大脚；等等。所以，许多新婚夫妇经常为鸡毛蒜皮的小事争吵，伤害了夫妻感情，破坏了家庭和谐，甚至会闹离婚。婚后“磨合期”一般至少要半年至一年。这段时间内，夫妻双方要正确认识“磨合期”内矛盾的必然性，尽量站在对方的角度去看问题，欣赏对方优点的同时也要接纳对方的缺点。不要太固执，要学会容忍、变通，就像富兰克林说的：“结婚以前睁大你的双眼，结婚以后闭上你的一只眼睛。”说的就是在婚后要包容对方。

3. 化解自由与责任的冲突

步入婚姻后，双方必须负起应有的责任和义务。恋爱时虽然也需要负起一定的责任，但毕竟比较自由。比如，你把女朋友送回家后，还可以和其他好朋友一起去酒吧喝酒，去 KTV 唱歌。结婚以后就不行了，如果丈夫经常要和朋友一起喝酒、打牌，把妻子抛在脑后，妻子当然不能接受。结婚前，女孩除了享受男朋友的殷勤，回到家还能享受爸爸妈妈的照顾，吃喝不愁；结婚以后，妻子通常在下班后还要做饭，如果下班后就躺在床上吃零食、看电视，全然想不到丈夫下班后的饥肠辘辘，矛盾就产生了。还有，如果你的爱人在家是最小的孩子或是独生子女，在家时一般都是别人想着他（她），那他（她）的责任心多数要差一些，结婚后就不怎么懂得为别人着想，矛盾也可能要爆发出来。矛盾是在所难免的，关键是双方要相互体谅，化解责任与自由的冲突。总之，结婚以后，双方都不能再“为所欲为”，要增强责任心，做一个像样的妻子或丈夫，这样婚姻才能持久。

4. 调解性生活中的矛盾

性生活是婚姻生活的重要组成部分。新婚夫妻都没有太多的经验，难免会配合得不和谐。女性容易对疼痛感到紧张、惧怕，但也对性生活充满期望；男性则容易对自身的能力、对方的满意度感到紧张、有压力等，这些都会影响性生活的欢愉。新婚性生活的美满与否，会对以后的夫妻性生活心理和质量产生很大的影响。因此，要注意努力化解性生活中的问题。

对于婚姻阶段女性方面的种种问题，夫妻双方应一起克服。

新婚夫妇如果初次性交顺利、和谐、欢愉，就会品味到新婚的幸福和甜蜜。如果不顺利或没有快感，就可能产生失望感。反复多次之后，就会影响美满婚姻的情感基础。其实，新婚性生活不顺利是很正常的，新婚夫妇一般要经过三四周之后才能有满意的性交。因此一时不顺利，不能抱怨妻子不行或丈夫无能，更不能因此灰心失望。

婚姻不是爱情的坟墓，也不是浪漫的爱情童话，它是实实在在的生活。生活中不能没有锅碗瓢盆、油盐酱醋，婚姻中的不和谐、矛盾也要由夫妻双方共同化解。幸福美满的婚姻需要夫妻共同创造。

当心婚后“爱情沉默症”

处于热恋中的青年男女，总有说不完的情话、诉不尽的蜜语。虽说现代的恋人已经不像从前那样勤写情书，但是“煲电话粥”所花费的时间与金钱却是非常可观的。古今中外用于描写

爱情的字句，用于热恋的每一对青年男女总是非常贴切的。而婚后的夫妻，却似乎在热恋时已把情话说完，日常生活中的话语变得非常简单，如："喂，饭做好了没有？""快点去买包盐回来！""你怎么那么讨厌啊。"研究发现，许多人认为，一旦成为夫妻，就是自家人了，他爱我，我爱她，天经地义，何必再不厌其烦地说出来呢？作为夫妻，他应该做他的事，挣钱养家；她也应该尽她的本分，相夫教子，两人没有必要假惺惺地客套什么的……这是目前一些夫妻对待感情交流所持的态度。在这种观念支配下，中国的已婚男女一反热恋的亲密与热烈，对婚后夫妻情感的表达往往显得忸忸怩怩，甚至到了近乎无话可讲的地步。这样的夫妻，其实是患上了“爱情沉默症”。

陈昊和沈宛相恋三年，终于在去年10月登记结婚。两人在恋爱时亲密无比，经常看电影、逛公园、说情话、发短消息，恩爱无比。在去年夏天，陈昊凭着鲜花和钻戒，彻底征服了沈宛，于是两人开始张罗着结婚，并于“十一”踏入了婚姻的殿堂。

初入婚姻之门，两人很是激动，蜜月期情意绵绵，颇有“只羡鸳鸯不羡仙”之感。但是，当婚假休完，二人正常上班以后，情形就变了。陈昊工作挺忙的，公司离家又远，每天回来都感觉很累，谈恋爱时的那种生龙活虎的精力似乎不复存在了。所以他往往吃过晚饭，洗漱过后，上床看会儿电视就睡着了。有时兴致来了，也会上上网，打打游戏。沈宛感到老公对自己的爱不像以前那么多了。有时问他几句，他只会回答是与不是，仿佛没有什么精神，也不太愿意回答。有一次，沈宛问陈昊：“我们周末回我妈家好不好？”陈昊答道：“是！”沈宛有些火了，说：“我问你好不好，你怎么回答‘是’，是什么意思啊？你是不是烦我了？我看我们谈恋爱的时间这么短，我这么快被你追到手，你就不知珍惜了。”

陈昊听了，也不相让，说：“你不知道我工作很累吗？一点也不知道体谅我。这些小事，你安排一下不就行了。”沈宛听了更加生气了，于是两人就吵了起来，之后一段时间他们便陷入了“冷战”。虽然一段时间之后又恢复了正常，但彼此心中都留下了“心结”，经常会为一些生活琐事发生口角，常常“冷战”。沈宛知道他们彼此还爱着对方，但婚姻却一直在这种危机中继续着。

“爱情沉默症”的表现主要有：

（1）很少对爱人说一些十分甜蜜的话；

（2）从不向爱人认错；

（3）两人从不共同讨论性生活问题；

（4）很少去想爱人需要些什么物品；

（5）常常觉得与爱人聊天是浪费时间；

（6）喜欢一个人做事，不愿意与配偶商量；

（7）认为故意取悦对方是庸俗的；

（8）搞不清爱人对自己的感情如何；

（9）爱人做了件自以为得意的事，你却不以为然，觉得没什么了不起，不值得庆贺；

（10）遇到矛盾或问题，夫妻俩经常生闷气；

（11）认为“在爱人面前认错很丢人”；

（12）有些事心里很不满，可又怕说出来伤了夫妻的感情；

（13）不知道爱人对自己哪方面不满意；

（14）婚后很少坐下来交流感情；

（15）爱人生气时，常常置之不理；

（16）有许多话不愿意与爱人说；

（17）在爱人面前谈论想法时，对方常常显得心不在焉；

（18）两人在一起时，常觉得无聊；

（19）很少去探究爱人为什么总是情绪不好。

对于“爱情沉默症”，专家认为这种现象很正常，也很普遍。

有人曾经说过："男人把追求异性当成自己的事业，一旦追到手，就会转移目标去追求另一份事业。"其实男女双方都一样。结婚之前，双方都会把爱情当成自己的事业，苦心追求、经营，而结婚以后，各自又会去追求自己的事业，比如说男人可能把心思放到工作、升职、加薪上，而女人可能把更多心思放到孩子身上，抑或其他方面。其实人在婚后不再投入与恋爱时同等的精力是感情发展的自然过程，并不是变心或是其他什么，因为恋爱时过多的精力投入本身就是一种非健康的状态，不可能永久，人总要恢复正常状态。所以多数人在婚后会陷入沉默，或者有些矛盾也属正常。而此时如何经营自己的婚姻就显得尤为重要了。有不少夫妻在婚后一直相濡以沫、相亲相爱，这说明他们双方都比较懂得经营，遇到生活上一些乏味小事或一些小摩擦，都会处理得比较好。但是多数夫妻还是不懂得经营，只能任由彼此陷入沉默，平淡地生活。

除此之外，还有许多原因可能会导致"爱情沉默症"。当然，如果夫妻之间已不再相爱，或一方有了外遇，则"爱情沉默症"只是"伴随症状"而已。那么，"爱情沉默症"如何治疗呢？

1. 打破错误观念

婚后，生活确实变得现实多了，但只有不断发展类似婚前的那种恋情，平凡的生活才会产生乐趣，人才能从生活的烦琐中体味到人间的幸福。否则，每日埋头于生活琐事，会渐渐让人产生厌倦情绪，进而使"婚姻是爱情的坟墓"得到印证。

2. 不要总想自己的尊严

夫妻间不应当笑话谁主动了、谁得面子了等。因为主动和热情本身就是对爱人的一种尊重与依赖，对方若以此取笑，岂不是不知好人心？

3. 学会共同创造新生活

多在生活中安排一些娱乐项目与交流感情的机会，因为这不仅仅是巩固和发展夫妻关系的需要，同时也是对繁忙、紧张工作的调剂。它能使人们从紧张的工作中解脱出来，以旺盛的精力和充沛的体力继续工作与学习。

4. 正确认识“男子汉”

真正的男子汉，应该是既懂大义又明事理，既有七情六欲又会适当地进行表达的人。那种缺乏温情的、冷酷的男人，实际上是心理不健康的男人。

5. 增加性生活的和谐

和谐的性生活是强化夫妻感情的一种黏合剂。夫妻间如果在性生活中有了障碍，一定要去寻求专门的科学指导。否则，一生中几十年都会在痛苦中度过。

80
20